肉羊育肥一本通

权凯 李君 主编

ROUYANG YUFEI YIBENTONG

中国科学技术出版社
·北京·

图书在版编目（CIP）数据

肉羊育肥一本通 / 权凯，李君主编 . —北京：
中国科学技术出版社，2018.6
ISBN 978-7-5046-8032-7

I. ①肉… II. ①权… ②李… III. ①肉用羊—饲养
管理 IV. ① S826.9

中国版本图书馆 CIP 数据核字（2018）第 090025 号

策划编辑	乌日娜	
责任编辑	乌日娜	
装帧设计	中文天地	
责任校对	焦　宁	
责任印制	徐　飞	

出　　版	中国科学技术出版社
发　　行	中国科学技术出版社发行部
地　　址	北京市海淀区中关村南大街16号
邮　　编	100081
发行电话	010-62173865
传　　真	010-62173081
网　　址	http://www.cspbooks.com.cn

开　　本	889mm×1194mm　1/32
字　　数	100千字
印　　张	4.25
版　　次	2018年6月第1版
印　　次	2018年6月第1次印刷
印　　刷	北京长宁印刷有限公司
书　　号	ISBN 978-7-5046-8032-7 / S·723
定　　价	20.00元

本书编委会

主　编

权　凯　李　君

编著者

权　凯　李　君　魏红芳

赵金艳　哈斯·通拉嘎

Preface 前言

　　2014年中央一号文件提出要抓好牛羊肉的生产供应。农业部副部长于康震在2014年肉牛羊主产县畜牧局长培训班上强调，要加快全产业链转型升级，切实推进现代畜牧业发展。当前中国畜产品结构性供需缺口不断加大，畜产品质量安全事件时有发生，资源环境约束日益显现，规模化、标准化水平有待提高，稳供给、保安全的任务仍然十分艰巨，畜牧业发展面临前所未有的挑战。加快推动畜牧业全产业链的转型升级，是实现畜牧业由外延式增长向内涵式增长转变的重要途径。质量安全和生态安全作为保障畜产品有效供给的两个支撑点，是推进标准化规模养殖、加快畜牧业发展方式转变的支柱。

　　养羊业虽然在过去的几年得到了快速的发展，但养羊业由传统的放牧模式向高度集约化、现代化的模式转变过程中，不仅要有现代化的人才，也要有与现代化相配套的基础设施设备，实现现代化的饲养和管理。充分利用现代化设施设备，借鉴猪、鸡、牛等养殖模式，结合羊的生理特点，减少劳动力使用。充分利用现代化技术体系，加速肉羊养殖模式的转变。现代化企业的经营理念是发展现代标准化肉羊养殖的前提，要以现代化企业的经营理念去经营肉羊产业。因此，要改变传统的养殖模式，"解放思想、创新观念"，技术创新、思想创新、价值创新、管理创新。同时，要充分利用当地资源，结合羊的生理特点，充分利用现代化饲料生产加工设施设备。

　　我们根据自己对养羊业的理解，编写了本书，主要从羊的生产技能操作方法着手，结合养羊需要的各项实用技术，为现代化肉羊养殖提供一定的参考。

　　由于笔者水平有限，不当和错漏之处在所难免，诚望批评指正。

编 著 者

Contents 目 录

第一章
肉羊产业发展概况

肉羊产业从整个畜牧业来看，在饲养管理、技术等多方面相对落后；从世界层面来看，我国肉羊产业在育种、产品上也处在下游，但我国肉羊存栏基数大、羊肉消费空间大且在持续增长。

一、世界肉羊业现状

世界肉羊产业总体保持平稳增长的趋势，不过近年来有所下滑。无论是从绝对量，还是相对指标的变动趋势上看，发展中国家肉羊生产的发展速度要远快于发达国家，世界肉羊生产的重心已由发达国家转向发展中国家。

（一）羊肉需求缺口大

世界羊肉产量增长迅速。随着世界经济的发展和人类膳食结构的改变，国际市场对羊肉需求量逐年增加，使得羊肉产量持续增长。据统计，1969—1970 年，全世界生产羊肉 727.2 万吨，1985 年增加到 854.7 万吨，1990 年达 941.7 万吨，2 000 年增加到 1 127.7 万吨，2002 年增加到 1 162.3 万吨，年均增长达 2.2%。

但同其他肉类消费相比，全球人均羊肉的消费量依然很低，仅为 2 千克 / 年，占世界肉类总产量（24 263 万吨）的 4.8%。其中，年产羊肉 50 万吨以上的国家依次是中国、印度、澳大利亚、新西兰和巴基斯坦，这些国家羊肉产量占世界总产量的48.1%。在过去的10多年中，羊肉生产呈现由发达国家向发展中国家转移的趋势，与1990年产量相比，发达国家的产量下降了20%，而发展中国家的产量上升了43%，使发展中国家的份额由58%上升到71%。

从世界羊肉产量来看，我国是世界肉羊生产大国，自2001年加入世界贸易组织（WTO）以来，随着市场开放程度的不断提高，我国肉羊国际贸易总额不断增长，但贸易逆差不断拉大。进口、出口市场相对集中，特别是进口市场集中化趋势更为明显。

（二）羔羊肉消费加速

世界各国重视肉羊生产，尤其是羔羊肉的消费需求增加更快。顺应日益增长的国际市场需求，英国、法国、美国、新西兰等养羊大国现今养羊业主体已变为肉用羊的生产，历来以产毛为主的澳大利亚、苏联、阿根廷等国，其肉羊生产也居重要地位。世界养羊业出现了由毛用转向肉毛兼用甚至肉用的趋势，一些国家将养羊业的重点转移到羊肉生产上，用先进的科学技术建立起自己的羊肉生产体系。

由于羔羊出生后最初几个月生长快、饲料报酬高，生产羔羊肉的成本较低，同时羔羊肉具有瘦肉多、脂肪少、味美、鲜嫩、易消化等特点，一些养羊比较发达的国家都开始进行肥羔生产，并已发展到专业化生产程度。

（三）科学、环保养殖被重视

重视科学研究，绿色环保型羊肉备受消费者青睐。羊肉是世界公认的高档食品，国际贸易中价格较高，兽药和饲料添加剂使用少、时间短，没有有害物质残留；在草原上自由运动、自然生长的肉羊是真正的纯天然绿色食品，具备产品竞争优势，深受消费者青睐。

（四）肉羊品种良种化

世界肉羊品种良种化，杂交繁育发展迅猛。世界各国重视新的高产优质肉羊培育。新西兰是著名的肉羊业发达国家之一。牧草终年繁茂，有"草地羊国"之称。美国的养羊业也是以生产羊肉为主，他们将萨福克羊作为肉羊的终端品种，重点生产羔羊肉。这两个国家羔羊肉的生产都占羊肉生产比例的90%以上，而英国是30多个肉用绵羊品种的育成地，这些绵羊品种对世界各国肉羊业的发展有很大影响。羊肉是英国养羊业的主产品，约占养羊业产值的85%。近年来，英国又培育出了新的肉羊品种，考勃来羊的育成是英国养羊业的一个重大突破。在羔羊生产方面，英国在山区利用山地品种羊纯繁，母羊育成后转到平原地区与早熟公羊品种杂交，其后代公羔用于羔羊生产，母羔转回再用早熟品种作终端品种进行杂交，获得了很高的经济效益。

这些新品种羊的主要特点是经济早熟，产肉性能好，繁殖力高，全年发情、配种与产羔，遗传性稳定，适应性强等，主要如夏洛莱羊、剑桥羊、波利特羊、阿尔科特羊、南江黄羊等。杂交繁育已成为获取量多、质优和高效生产羊肉的主要手段，多数国家的绵羊肉生产以三元杂交为主，终端品种多用萨福克羊、无角或有角陶赛特羊、汉普夏羊等；山羊肉生产以二元杂交为主，终端品种多用波尔山羊、简那巴利羊、纽宾羊等。

这些模式，既充分利用了地区资源条件，又利用了杂种优势，对于我国的养羊业，展示了成功的经验，也提供了有益的启示。

（五）肉羊养殖、交易、屠宰和销售环节规范化

就目前农区养羊的总体情况来看，肉羊业尚处于发展初期。农民自养绵、山羊仍占较大比重。长期以来主要是利用淘汰老残羊和去势公羊生产羊肉。其特点是，规模小、饲养管理粗放、经

营方式落后、生产水平低、远远不能满足市场的需求。而舍饲养羊，即将羊群置于圈舍进行人工饲养，是由传统养羊方式向现代化、集约化养羊发展的重要形式。其优点不仅表现在可以充分利用本地的良种繁育、杂种优势、配合饲料、疾病防治等科学技术，还表现在舍饲比放牧平均减少维持消耗 25%（放牧羊只的行进、爬高等），增加收入 20%～30%。英国是世界养羊生产水平最高的国家之一，近年来，也积极提倡"零牧制度"，推广舍饲养羊。可见，舍饲养羊是养羊业的发展趋势（图 1-1、图 1-2）。

图 1-1　肉羊拍卖现场　　　　图 1-2　羊肉产品专柜

二、我国养羊业现状

（一）肉羊养殖产业化

我国肉羊生产快速发展，生产水平不断提高、肉羊产业在畜牧业中的地位不断上升。整体来看，肉羊生产仍以家庭经营为主，规模化、专业化程度低。饲养规模在 100 只以下，年出栏量占全国的 80% 以上，其中饲养规模在 30 只以下的占全国的比重在 50% 左右。2011 年，全国肉羊养殖户共计 2 080.88 万户，其中年出栏 100 只以下的场（户）数达 2 052.3 万户，占总场（户）数的 98.6%，而出栏 100 只以上的场（户）数仅占总数的 1.4%。

总体来看，我国肉羊生产以散养为主，规模化程度不断上升、肉羊生产的区域化特征明显，产业集中度不断提高（表1-1）。

表1-1　我国羊的存栏和羊肉产量变化情况表

指标	2007	2008	2009	2010	2011	2012	2015
年底羊只存栏数（万只）	28 564.7	28 084.9	28 452.2	28 087.9	28 235.8	28 504.1	31 099.69
山羊	14 336.5	15 229.2	15 050.1	14 203.9	14 274.2	14 136.1	14 893.44
绵羊	14 228.2	12 855.7	13 402.1	13 884.0	13 961.5	14 368.0	16 206.25
肉类产量（万吨）	6 865.7	7 278.7	7 649.7	7 925.8	7 965.1	8 387.2	8 625.04
羊肉	382.6	380.3	389.4	398.9	393.1	401.0	440.83

（二）羊肉消费市场逐步扩大

羊肉消费量呈上升趋势，消费方式日渐多样化，羊肉产品消费在城乡之间、地域之间和不同收入水平之间存在明显差异，在肉类消费的国内市场上，羊肉产品价格始终在小幅波动中保持上扬的态势，在国际市场上，我国羊肉及其相关产品进口增加、出口减少，贸易逆差呈扩大之势。

长期以来，我国肉类产品市场消费结构中，猪肉比重较大，羊肉所占比重仅为5.5%。随着我国城乡居民收入水平的不断提高，消费观念逐步转变，羊肉消费量呈上升趋势。

（三）良种肉羊备受青睐

在引进肉羊良种、加强肉羊原种场、繁育场建设的基础上，杂交改良步伐加快，肉羊良种供种能力明显提高，杜泊羊、东弗里生羊、无角陶赛特羊、德国肉用美利奴羊、波尔山羊等良种肉

羊开始大面积用于生产实际。

（四）农区肉羊养殖步伐加快

牧区广泛推行草原牧区禁牧、休牧、轮牧等草原生态保护建设措施，肉羊饲养由粗放放牧方式逐步向舍饲和半舍饲转变；农区半农区着重推广肉羊科学饲养管理技术，由饲喂单一饲料逐步向饲喂配合饲料转变，羊全价颗粒饲料使用量逐步扩大。通过良种良法相配套，改变了肉羊饲养多年出栏的传统习惯，羔羊当年育肥出栏比例逐年提高，出栏肉羊平均胴体重提高到 15.5 千克，瘦肉率明显提高，羊肉品质明显改善。

（五）养殖模式发生改变

肉羊养殖模式正在从传统养殖向科学化、合理化到标准化的转变。从单一的放牧形式向集约化、规模化转变。进入 20 世纪后期，绿色、健康食品开始快速发展，养羊业又开始从追求标准化，从单一追求数量开始朝数量、质量和生态效益并重的方向发展。

三、我国肉羊业发展中存在的问题

（一）肉羊生产过于分散、单位规模较小、生产方式仍显落后

我国当前肉羊养殖的主要模式是农户小规模散养（饲养规模在 100 只以下），占全国年出栏量 80% 以上。这种千家万户式分散饲养，受资金约束不能形成规模，羊肉产品质量安全和品质也无法保证；同时，农户散养模式也严重影响着畜禽良种、动物营养等先进肉羊生产技术的推广普及，主要表现为肉羊良种化程度不高、羊肉生产时间长、商品率低、饲养成本高、个体胴体重

小、羊肉品质较差等。

（二）肉羊产业发展日益受到资源、环境的制约

作为畜牧业中的一个子产业，肉羊产业的发展与资源环境的承载力密切相关，我国是一个人口大国，人均资源占有率较低，肉羊产业增长首先受到客观资源条件的制约。传统草原畜牧业的过度发展，导致草原沙化严重，载畜量严重下降，牧区超载过牧已是普遍现象，从可持续发展角度来看，牧区肉羊的产业规模将会逐步压缩或降低。而传统农业产区可提供大量的植物秸秆或青贮饲料，既可避免资源浪费，又可产生较高的经济价值，因此农区畜牧业正逐步向高附加值的集约化、规模化养殖转变。

（三）屠宰加工水平较低，现代加工业常常竞争不过私屠乱宰

肉羊产业的发展有赖于肉羊加工业的发展，但农户的小规模生产、肉羊加工业的原料——专门化肉羊品种的缺乏、优质肥羔供应的严重不足，使加工业"巧妇难为无米之炊"，不仅严重制约了羊肉加工的专业化和规模化，也使现有的规模加工业开工不足、设备闲置，阻碍了优质肉羊生产及其产业的发展。其原因在于私屠乱宰现象严重，作坊式屠宰的成本远远低于工厂化屠宰。由于政府监管不足，导致屠宰市场混乱，羊肉产品品质无法保证，经济附加值不高。

（四）羊肉及其制品在整个畜产品消费中占比偏低

牛、羊肉消费份额的偏小对节粮型畜牧业的发展，产生了不利影响，反映到生产上就是与农业发达国家相比，我国畜牧业生产结构不尽合理且调整缓慢。从近年来的肉类消费结构数据来看，猪肉消费比例逐步下降，畜禽肉、奶类消费比例大幅上升，从发达国家畜禽肉消费结构来看，我国牛、羊肉消费比重明显偏

低，这样既不利于居民身体健康，也加剧了粮食供应压力。从我国畜牧业可持续发展的长期趋势来看，牛、羊肉产业存在巨大的增长空间。

四、我国肉羊产业的发展优势

（一）政策和区位优势

近年来，国家从政策和资金扶持上给予了重点倾斜，尤其是退耕还林还草工程的实施，为标准化肉羊业的发展创造了良好条件。北方牧区由于放牧过度，长期超载，加上滥垦、乱挖和鼠、虫害的严重破坏，使天然草场退化、沙化严重。牧区牛、羊养殖业受饲草资源所限，将直接导致北方牧区羊只的出栏数量，而要满足市场羊肉的紧缺，必须大力发展农区养羊数量，畜牧业结构的调整势在必行。

（二）市场优势

国内外市场对羊肉需求量很大。随着生活水平的提高，群众的饮食结构正开始从温饱型向科学型、健康型变化。羊肉以其细嫩、多汁、味美、营养丰富、胆固醇含量低等特点越来越受到消费者的青睐，羊肉串、涮羊肉、烤羊排等已成为人们不可缺少的食物。羊肉的消费正在以每年成倍的速度增加；同时，国际市场对羊肉的需求也不断增加，肉羊生产前景乐观。

（三）资源优势

1. 饲料资源

农区秸秆资源丰富，秸秆综合利用既可极大地避免环境污染，又可提升农作物综合价值。羊可采食多种饲草，主要有青绿饲草和农副产品秸秆，农区在这两类草料的生产上具有得天独厚的优势。目前我国年产粮食4亿多吨，同时也产生5亿吨的秸秆，这相当于北方草原每年打草量的50倍。充分合理有效地利用农作物秸秆［如氨化、青贮、有效微生物群（EM）处理等］将会大大促进草食家畜的发展。

2. 品种资源

我国重要的农区主要有东南农区和黄淮海农区，约占我国土地面积的18.4%以上，饲养的山羊、绵羊分别占我国山羊、绵羊总数的40.2%和13.7%。其中肉用性能较好的绵羊品种有：分布在华北平原的大尾寒羊、黄淮海冲积平原较发达农区的小尾寒羊、太湖周围的湖羊等。湖羊因其耐饲养、个头大、繁育率和出肉率高、肉制品腥膻味较小等特点比较适合农区进行舍饲和半舍饲，养殖规模在不断扩大。

第二章
肉羊的特性与利用

羊具有喜干厌湿、耐寒怕热等特点，羊不同的品种、不同的气候环境情况下，其生长发育均存在着较大的差异。了解肉羊的特性，可以为更好的饲养管理提供理论支撑。

一、肉羊的生物学特点

羊有绵羊和山羊，属于食草反刍家畜，哺乳纲、偶蹄目、牛科、羊亚科。是牛科分布最广、成员最复杂的一个亚科，羊为六畜之一。绵羊和山羊有很多相似的生物学特性，又有较大差别，总的来说，相同点多于不同点。羊的饲养在我国已有5 000余年的历史。羊全身是宝，其毛皮可制成多种毛织品和皮革制品。羊是纯食草动物，羊肉肉质较细嫩，容易消化，高蛋白、低脂肪，含磷脂多，含胆固醇少，是绿色畜产品的首选。在医疗保健方面，羊更能发挥其独特的作用，羊肉、羊血、羊骨、羊肝、羊奶、羊胆等可用于多种疾病的治疗，具有较高的药用价值。

（一）行为特点

绵羊性情温顺，行动较迟缓，自卫能力差，合群性较强，警觉机灵，觅食力强，适应性广，全身覆盖毛绒，属沉静型小型反刍动物。山羊则性格勇敢活泼，动作灵活，合群性不及绵羊，善于攀登陡峭的山岩，有一定抵御兽害的能力。山羊比绵羊分布广，适应性更强，其被毛较稀短，多为发毛，较绵羊耐热、耐湿而不耐寒，属活泼型小型反刍动物。

（二）生活习性

1. 采食力强，利用饲料广泛

绵羊和山羊具有薄而灵活的嘴唇和锋利的牙齿，能啃食短草，采食能力强。嘴较窄，喜食细叶小草，如羊茅和灌木嫩枝等。四肢强健有力，蹄质坚硬，能边走边采食。能利用的饲草饲料广泛，包括多种牧草、灌木、农副产品及禾本科、谷类子实等。

2. 合群性强

羊的合群性强于其他家畜，绵羊又强于山羊，地方品种强于培育品种，毛用品种强于肉用品种。驱赶时，只要有"头羊"带头，其他羊只就会紧紧跟随，如进出羊圈、放牧、起卧、过河、过桥或通过狭窄处等。羊的合群性有利于放牧管理，但羊群之间距离太近时，往往容易混群。

3. 喜干燥、怕湿热

羊喜干燥，最怕潮湿的环境。放牧地和栖息场所都以高燥为宜。潮湿环境易感染各种疾病，特别是肺炎、寄生虫病和腐蹄病，也会使羊毛品质降低。山羊比绵羊更喜干燥，对高温、高湿环境适应性明显高于绵羊。绵羊因品种不同对潮湿环境的适应性也不同，细毛羊喜欢温暖、干旱、半干旱的气候条件，肉用羊和肉毛兼用羊则喜欢湿润、温暖的气候。

4. 爱清洁

遇到有异味、污染、沾有粪便或腐败的饲料和饮水，甚至连自己践踏过的饲草，宁可忍饥挨饿也不食用。因此，舍饲的羊要有草架，饲槽、水槽要清洁，饮水要勤换，放牧草场要定期更换，实行轮牧。

5. 性情温顺，胆小易惊

绵羊、山羊性情温顺，胆小，自卫能力差。突然的惊吓，容易"炸群"。所以，要加强放牧管理，保持羊群安静。

6. 母 性 强

羊的嗅觉灵敏，母羊主要凭嗅觉鉴别自己的羔羊，而视觉和听觉起辅助作用。羔羊出生后与母羊接触几分钟，母羊就能通过嗅觉鉴别出自己的羔羊。在大群的情况下，母仔也能准确相识，利用这一点可解决羔羊代乳的问题。

7. 抗病力强

羊对疾病的耐受力比较强，在发病初期或遇小病时，往往不像其他家畜表现那么敏感。

8. 善 游 走

绵羊、山羊均善游走，有很好的放牧性能。但由于品种、年龄及放牧地的不同，也有差别。地方品种比培育品种游走距离大；肉用羊、奶用羊比其他羊游走距离小；年龄小的和年龄大的比成年羊游走距离小；在山区游走比平地上的距离小。在游牧地区，从春季草场至夏季草场的距离200多千米，都能顺利进行转移。

（三）适 应 性

喜干厌湿，羊适宜在干燥通风的地方采食和卧息，湿热、湿冷的棚圈和低湿草场对羊不利。北方多在舍内勤换垫土，以保持圈舍干燥。羊蹄虽已角质化，但遇潮湿易变软，行走硬地，易磨露蹄底，影响放牧。绵羊蹄叉之间有一趾腺，易被淤泥堵塞而引起发炎，导致跛行。不同品种的绵羊对潮湿气候的适应性也不一样，细毛羊喜欢温暖干燥、半干燥的气候条件，而肉用羊和肉毛兼用羊喜温暖湿润、全年温差不大的气候。怕热耐寒，绵羊全身被覆羊毛较长且密，能更好地保温抗寒，但在炎夏时，羊体内的热量不易散发，出现呼吸紧迫，心率加快，并相互低头于其他羊的腹下簇拥在一起，呼呼气喘，俗称"扎窝子"，尤其是细毛羊最为严重，这样就须每隔半小时轰赶驱散一次，以免发生"热射病"。由于绵羊不怕冷，气候适当季节，羊只喜露宿舍外，群众把这种羊在露天过夜的方式叫"晾羊"。一般山羊比绵羊耐热而较怕冷，原因是山羊体格较轻小，毛粗短、皮下脂肪少，散热性好，所以当绵羊扎窝子时，山羊行动如常。

（四）耐 饥 渴

羊抗灾荒能力很强，在绝食绝水的情况下，可存活30天以上。

（五）喜净厌污

羊的嗅觉灵敏，食性清洁，绵羊、山羊都喜欢干净的水、草和用具等。污浊的水、霉烂或被其他牲畜及自身践踏过的草是拒食的。因此，应设置草架投喂。可把长草切短些，拌料喂给，以免浪费。羊喜饮清洁的流水和井水，一般习惯在熟悉的地方饮水。放牧时间过长，羊饥渴时也会喝污水，这时应加以控制，以免感染寄生虫病，故在放牧前后，应让羊饮足水。

（六）繁殖潜力高

肉用品种羊多四季发情，常年配种多胎多产，高繁殖力是它兼有的优良特性之一。我国大尾寒羊、小尾寒羊、湖羊及山羊中的济宁青山羊、成都麻羊、陕南白山羊等母羊都是常年发情，一胎多产，最高达一胎产7～8只羔羊。小尾寒羊多年来，常是父配女、母子交配，虽高度近交，却很少发生严重的近亲弊病。

二、肉羊的生长发育规律

（一）体重增长规律

生产中一般以初生重、断奶重、屠宰活重及平均日增重反映羊的体重增长及发育状况。体重增长受遗传基础和饲养管理两方面因素的影响，增重为高遗传力性状，是选种的主要指标之一。

1. 胎儿期（妊娠期间）

在妊娠初期，母羊妊娠后 2 个月前，胎儿生长缓慢，以后逐渐加快。维持生命活动的重要器官如头部、四肢等发育较早，而肌肉、脂肪发育较迟。羔羊的初生重与断奶重呈正相关，因此在妊娠后期应供给母羊充足的养分。

2. 哺乳期（出生至断奶）

羊哺乳期体重占成年体重的 28% 左右，是羊一生中生长发育的重要阶段，也是定向培育的关键时期。此阶段增重的顺序是内脏→骨骼→肌肉→脂肪，体重随年龄迅速增长。

3. 幼龄期（断奶至配种前）

体重占成年体重的 70% 左右，这一阶段性发育已趋于成熟，但仍是羊增重最快的阶段，日增重为 180 克左右。增重的顺序为生殖系统→内脏→肌肉→骨骼→脂肪。

4. 青年期（12～24 月龄）

青年羊体重占成年羊体重的 85% 左右。这个时期，羊的生长发育接近成熟，体型基本定型，生殖器官已发育完善，绝对增重达到高峰，以后增重缓慢。增重的顺序是肌肉→脂肪→骨骼→生殖器官→内脏。

5. 成年期（24 月龄至 6 岁）

这一阶段的前期，体重还会有缓慢的上升，48 月龄后增长基本停滞。增重主要是脂肪。

（二）组织生长发育规律

1. 骨骼生长发育规律

羊在出生后体型及各部位的比例都会发生很大的变化。这种变化主要是躯体各部位骨骼的生长变化引起的。羊在胚胎期，生长速度最快的骨骼是四肢骨，主轴骨生长较慢；出生以后则相反，主轴骨生长加快，四肢骨生长缓慢。就体躯部位而言，出生时头和四肢发育快，躯干较短而浅，腿部发育差；出生后首先是体高和体长增加，其后是深度和宽度增加，二者有规律地更替。刚出生的羔羊骨骼已经能够负担整个体重，四肢的相对长度高于成年羊，以保证随母羊哺乳。

2. 肌肉的生长发育规律

肌肉的生长主要是肌纤维体积增大、增粗，因此随羔羊年龄增大，肉质的纹理变粗。初生羔羊肌肉生长速度快于骨骼，体重逐渐增加。

3. 脂肪的沉积规律

脂肪在羊体生长过程中的作用主要是保护关节的润滑、保护神经和血管及储存能量。从初生到12月龄，脂肪沉积缓慢，但仍稍快于骨骼，以后逐渐加快。其中，肠系膜脂肪和大网膜腹脂首先沉积，其次是皮下，最后沉积肌间脂肪和肌内脂肪，使肉质变嫩，并呈现出一定的风味。

（三）组织器官生长发育规律

羊的组织器官生长发育也具有不均衡性，不同组织器官的生长速度是不相同的。皮肤和肌肉无论在胚胎期还是生后期，生长强度都占优势，脂肪组织在生长后期才加快生长。脂肪沉积的部位也随年龄不同而有区别，一般先沉积在内脏器官附近，其次在皮下，继而在肌肉之间，最后沉积于肌肉纤维中，形成肌肉大理石状花纹。

各器官生长发育的迟早和快慢，主要决定于该器官的来源及其形成时间。在个体发育中出现较早而结束较晚的器官，生长发育较缓慢，如脑和神经系统；相反，凡出现较晚的器官，它们生长发育则较快，结束也较早，如生殖器官。

（四）补偿生长特性

羊遭受长时间的营养限制后，解除营养限制，饲喂营养丰富的饲料，羊的生长速度要比未遭受营养限制的同龄或同体重的羊快，这种现象称为补偿生长。在生产实践中，营养限制有两种情况：一是由于客观条件所限，如冬季草料不足及长期缺乏优质饲草，而引起的营养限制；二是在条件许可的育肥场，在羔羊阶段进行限制性生长，以降低饲养成本，并在以后获得补偿生长。但是，值得注意的是，羊只在生命早期（如胎儿期、哺乳期）遭受营养限制后，引起生长发育受阻则难以进行补偿生长。

（五）组织化学组成特征

羊体组织的常规化学成分主要有水、蛋白质、脂肪等物质。各成分的相对含量与羊的生长阶段、育肥程度有关。羔羊比老龄羊含水量高、脂肪含量少；较肥的羊脂肪含量高，蛋白质和水分含量低。

肌肉中同样含有水分、蛋白质和脂肪，但脂肪含量较低。肌肉中脂肪的含量与皮下脂肪，肠系膜脂肪和腹脂含量呈正比。

三、肉羊经济杂交及杂交模式

经济杂交也称杂种优势利用，杂交的目的是获得高产、优质、低成本的商品羊。采用不同羊品种或不同品系间进行杂交，可生产出比原有品种、品系更能适应当地环境条件和高产的杂种羊，极大地提高养羊业的经济效益。

（一）杂交亲本选择

1. 母　本

在肉羊杂交生产中，应选择在本地区数量多、适应性好的品种或品系作母本。母羊的繁殖力要足够高，产羔数一般应为 2 个以上，至少应二年三产，羔羊成活率要足够高。此外，还要泌乳力强、母性好。母性强弱关系到杂种羊的成活和发育，影响杂种优势的表现，也与杂交生产成本的降低有直接关系。在不影响生长速度的前提下，不一定要求母本的体格很大。小尾寒羊、洼地绵羊、湖羊、黄淮山羊、陕南白山羊及贵州白山羊等都是较适宜的杂交母本。

2. 父 本

应选择生长速度快、饲料报酬高、胴体品质好的品种或品系作为杂交父本。萨福克、无角陶赛特羊、夏洛莱羊、杜泊羊、特克赛尔羊、德国肉用美利奴羊及波尔山羊、努比亚山羊等都是经过精心培育的专门化品种，遗传性能好，可将优良特性稳定地遗传给杂种后代。若进行三元杂交，第一父本不仅要生长快，还要繁殖率高。选择第二父本时主要考虑生长快、产肉力强。

（二）经济杂交的主要方式

1. 二元经济杂交

即两个羊品种或品系间的杂交。一般是用肉种羊作父本，用本地羊作母本，杂交一代通过育肥全部用于商品生产。二元杂交杂种后代可吸收父本个体大、生长发育快、肉质好和母本适应性好的优点，方法简单易行，应用广泛，但母系杂种优势没有得到充分利用。

2. 三元经济杂交

以本地羊作母本，选择肉用性能好的肉羊作第一父本，进行第一步杂交，生产体格大、繁殖力强、泌乳性能好的杂交一代（F_1）母羊，作为羔羊肉生产的母本，F_1 公羊则直接育肥。再选择体格大、早期生长快、瘦肉率高的肉羊品种作为第二父本（终端父本），与杂交一代母羊进行第二轮杂交，所产杂交二代（F_2）羔羊全部肉用。三元杂交效果一般优于二元杂交，既可利用子代的杂交优势，又可利用母本杂交优势，但繁育体系相对复杂。

3. 双 杂 交

四个品种先两两杂交，杂种羊再相互进行杂交。双杂交的优点是杂种优势明显，杂种羊生长速度快，繁殖力高，饲料报酬高，但繁育体系更为复杂，投资较大。

（三）常见绵羊杂交组合

1. 二元杂交组合

（1）**萨寒杂交组合**　以萨福克为父本与小尾寒羊为母本进行二元杂交，羔羊初生重 4.25 千克，平均日增重 0～3 月龄间为 271.11 克、3～6 月龄间为 200 克，6 月龄重 46.86 千克。

（2）**白寒杂交组合**　以白头萨福克羊为父本与小尾寒羊为母本进行二元杂交，羔羊初生重可达 4.16 千克，平均日增重 0～3 月龄间为 280 克、3～6 月龄间为 203.33 克，6 月龄重 47.39 千克。白寒组合初生重较小，但生长速度超过萨寒组合。

（3）**陶寒杂交组合**　以无角陶赛特为父本与小尾寒羊进行二元杂交。羔羊初生重 3.72 千克，4 月龄重 23.77 千克，6 月龄重 30.54 千克。

（4）**夏寒杂交组合**　以夏洛莱为父本，与小尾寒羊进行二元杂交。羔羊初生重 4.76 千克，4 月龄重 22.82 千克，6 月龄重 28.28 千克。夏寒杂交一代母羊繁殖指数的杂种优势率为 11.2%。

（5）**德寒杂交组合**　以德国肉用美利奴羊为父本，与小尾寒羊进行二元杂交。羔羊初生重 3.2 千克，3 月龄重 21.09 千克，6 月龄重可达 36.64 千克。

（6）**特寒杂交组合**　以特克赛尔羊为父本，与小尾寒羊进行二元杂交。羔羊初生重 3.97 千克，3 月龄重 24.2 千克，6 月龄重 48 千克。0～3 月龄间平均日增重为 225 克，3～6 月龄间平均日增重 263 克。

（7）**杜寒杂交组合**　以杜泊羊为父本，与小尾寒羊进行二元杂交。羔羊初生重 3.88 千克，3 月龄重 24.6 千克，6 月龄重 51 千克。平均日增重 0～3 月龄间为 230 克，3～6 月龄间为 293 克。杜寒杂交羊体型外貌如图 2-1。

图 2-1　杜寒杂交羊

2. 三元杂交组合

（1）**特陶寒杂交组合**　无角陶赛特羊与小尾寒羊二元杂交，杂交一代母羊再与特克赛尔公羊杂交。羔羊初生重 3.74 千克，3 月龄重 20.63 千克，6 月龄重 29.91 千克。0～3 月龄间平均日增重 207.86 克。

（2）**南夏考杂交组合**　夏洛莱与考力代二元杂交，杂交一代母羊再与南非肉用美利奴公羊杂交。羔羊初生重 4.65 千克，100 日龄断奶重 22.35 千克，0～100 日龄平均日增重 176 克，100 日龄断奶至 6 月龄平均日增重 80.1 克。

（3）**南夏土杂交组合**　夏洛莱与山西本地土种羊进行二元杂交，杂交一代母羊再与南非肉用美利奴公羊杂交。羔羊初生重 4.05 千克，100 日龄断奶重 16.3 千克，0～100 日龄平均日增重 122 克，100 日龄断奶至 6 月龄平均日增重 51.73 克。该组合是山西等地重要的杂交组合类型。

（4）**陶夏寒杂交组合**　夏洛莱与小尾寒羊二元杂交，杂交一代母羊再与无角陶赛特公羊杂交。杂种羔羊 3 月龄重 29.97 千克，杂种羔羊 6 月龄重 44.98 千克，0～6 月龄平均日增重 165.71 克。

（5）**萨夏寒杂交组合**　夏洛莱与小尾寒羊二元杂交，杂交一代母羊再与萨福克公羊杂交。杂种羔羊 3 月龄重 27.21 千克，杂种羔羊 6 月龄重 42.59 千克，0～6 月龄平均日增重 166.31 克。

（6）**德夏寒杂交组合**　夏洛莱为父本与小尾寒羊二元杂交，杂交一代母羊再与德国肉用美利奴公羊杂交。杂种羔羊 3 月龄重 32.63 千克，杂种羔羊 6 月龄重 53.19 千克，0～6 月龄平均日增重 223.48 克。

（四）常见山羊杂交组合

1. 二元杂交

（1）**波鲁杂交组合**　波尔山羊公羊与鲁北白山羊母羊杂交。杂种羊 6 月龄重、12 月龄重分别为 35.85 和 59.05 千克，较鲁北山羊分别提高 25.57% 和 14%。

（2）**波宜杂交组合**　波尔山羊公羊与宜昌白山羊母羊杂交。杂种羊羔羊初生重、2 月龄断奶重、8 月龄重分别为 2.82 千克、12.08 千克和 25.43 千克，较宜昌白山羊分别提高 51.96%、30.59% 和 83.61%。屠宰率（47.26%）比宜昌白山羊高 6.67%。

（3）**波黄杂交组合**　波尔山羊公羊与黄淮山羊母羊杂交。杂交一代羊初生重、3 月龄重、6 月龄重、9 月龄重分别达 2.89 千克、16.31 千克、21.59 千克和 43.85 千克，比黄淮山羊分别提高 69.5%、105.93%、41.76% 和 138.44%。

（4）**波南杂交组合**　波尔山羊公羊与南江黄羊母羊杂交，杂交一代公、母羊的初生重分别为 2.67 和 2.44 千克，2 月龄重分别为 10.69 和 9.1 千克，8 月龄重分别为 22.56 和 20.84 千克，杂种羊从初生到周岁的体重比南江黄羊高 30% 以上。

（5）**波长杂交组合**　波尔山羊与长江三角洲白山羊杂交，杂交一代初生重、断奶重、周岁重分别为 2.5 千克、11.18 千克和 22.11 千克，比长江三角洲白山羊分别提高 72.6%、83.58% 和 42.11%。周岁羯羊胴体重可达 14.37 千克，屠宰率为 54.35%，比长江三角洲白山羊分别提高 7.2 千克和 12.95%。初生重和产羔率的杂种优势率分别为 10.13% 和 12.8%。

（6）**波简杂交组合**　波尔山羊与简阳大耳羊杂交，杂交一代初生重、2 月龄重、6 月龄重、12 月龄重分别达 3.59 千克、15.58 千克、28.15 千克和 38.94 千克，比大耳羊分别提高 52.44%、41.06%、44.41% 和 30.34%。

（7）**波马杂交组合**　波尔山羊与马头山羊杂交，杂交一代初生重、3 月龄重、6 月龄重、9 月龄重、12 月龄重分别达 2.7 千克、18.5 千克、22.7 千克、28.8 千克和 32.7 千克，比马头山羊分别提高 54.3%、48%、29%、26.3% 和 16.8%。

（8）**波福杂交组合**　波尔山羊公羊与福清母山羊杂交。羔羊初生重、3 月龄重、8 月龄重分别为 2.87 千克、16.08 千克和 22.63 千克，较福清山羊分别提高 14.34%、23.12% 和 34.27%。

（9）**波陕杂交组合**　波尔山羊与陕南白山羊杂交，杂交一代初生重、3 月龄重、6 月龄重、12 月龄重、18 月龄重分别为 3.4 千克、16.6 千克、27.26 千克、40.33 千克和 46.3 千克，比陕南白山羊分别提高 56%、15.27%、39.79%、37.2% 和 40.73%。

（10）**波贵杂交组合**　波尔山羊与贵州白山羊杂交，杂交一代初生重、3 月龄重、6 月龄重、12 月龄重、18 月龄重分别为 2.48 千克、13.68 千克、22.95 千克、31.05 千克和 38.1 千克，比贵州白山羊分别提高 50.46%、54.61%、51.84%、61.09% 和 59.38%。

2. 三元杂交

（1）**波努马杂交组合**　努比亚山羊公羊先与马头山羊母羊杂交，杂交一代母羊再与波尔山羊公羊杂交。杂交二代初生重、3 月龄重、6 月龄重、9 月龄重、12 月龄重分别为 3.0 千克、12.0 千克、22.0 千克、27.9 千克、34.0 千克，比马头山羊分别提高 71.4%、0、25.0%、22.2% 和 21.4%。

（2）**波奶陕杂交组合**　关中奶山羊公羊先与陕南白山羊杂交，杂交一代母羊再与波尔山羊公羊杂交。波奶陕、波陕、奶陕、陕南白山羊羔羊的初生重分别为 3.63 千克、3.07 千克、2.45

千克和 2.18 千克。波奶波、波陕、奶陕、陕南白山羊羔羊 3 月龄重分别达 19.46 千克、16.6 千克、15.19 千克和 14.4 千克，6 月龄重分别为达 32.3 千克、27.45 千克、21.35 千克和 19.5 千克。

（五）经济杂交利用中应注意的问题

从以往的杂交试验结果看，萨福克、无角陶赛特、德国肉用美利奴羊、夏洛莱羊、特克赛尔羊、杜泊羊、波尔山羊、努比亚山羊等引进肉羊品种对我国地方羊种的改良作用很明显，但在进行经济杂交中应注意以下问题：

一是杂种优势与性状的遗传力有关。一般认为，低遗传力性状的杂种优势高，而高遗传力性状的杂种优势低。繁殖力的遗传力在 0.1～0.2 之间，杂种优势率可达 15%～20%。育肥性状的遗传力在 0.2～0.4 之间，杂种优势率为 10%～15%。胴体品质性状的遗传力在 0.3～0.6 之间，杂种优势率仅为 5% 左右。

二是一般杂交一代羊杂种优势率最高，随杂交代数的增加，杂种优势逐渐降低，且有产羔率降低、产羔间隔变长的趋势。因此，不应无限制地级进杂交。引进肉用绵羊品种较多，可以多品种杂交替代单品种级进杂交；引进肉用山羊品种相对较少，可适当进行级进杂交，但不宜超过 2 代。在肉用山羊生产中，除积极培育新品种外，可加强努比亚山羊的利用。

三是应注意综合评价改良效果，不可单以增重速度来衡量。母羊的生产指数综合了增重速度和繁殖力的总体效应，是比较适宜的杂交效果评价指标。

四是杂交对于山羊板皮可能产生不利影响，应引起足够的重视。

五是选择适宜杂交组合的同时，应注意改善饲养管理。优良的遗传潜力只有在良好营养的基础上才能充分发挥。国外肉羊品种繁殖能力受营养条件影响较大，如杜泊羊、德国肉用美利奴羊产羔率随营养水平不同在 100%～250% 范围内变动。波尔山羊也有类似现象。

第三章
肉羊的营养与饲料

降低成本投入，尤其是饲料成本投入，是实现养种羊盈利的前提。但低成本饲料投入并不意味着低的生产性能。相反，全混合日粮加益生菌的饲喂方式不仅能节约生产成本，也极大地提高了羊的生产性能。当然，全混合日粮必须对各种饲料原料科学搭配，合理加工。

一、肉用绵羊营养需要量

（一）生长育肥绵羊羔羊每日营养需要量

4～20千克体重阶段生长育肥绵羊羔羊不同日增重下日粮干物质采食量和消化能、代谢能、粗蛋白质、钙、总磷、食用盐每日营养需要量见表3-1，对硫、维生素A、维生素D、维生素E、微量矿物质元素的日粮添加量见表3-3。

表3-1　生长育肥绵羊羔羊每日营养需要量

体重（千克）	日增重（千克/日）	干物质采食量（千克/日）	消化能（兆焦/日）	代谢能（兆焦/日）	粗蛋白质（克/日）	钙（克/日）	总磷（克/日）	食用盐（克/日）
4	0.1	0.12	1.92	1.88	35	0.9	0.5	0.6
4	0.2	0.12	2.8	2.72	62	0.9	0.5	0.6

续表 3-1

体 重（千克）	日增重（千克/日）	干物质采食量（千克/日）	消化能（兆焦/日）	代谢能（兆焦/日）	粗蛋白质（克/日）	钙（克/日）	总 磷（克/日）	食用盐（克/日）
4	0.3	0.12	3.68	3.56	90	0.9	0.5	0.6
6	0.1	0.13	2.55	2.47	36	1.0	0.5	0.6
6	0.2	0.13	3.43	3.36	62	1.0	0.5	0.6
6	0.3	0.13	4.18	3.77	88	1.0	0.5	0.6
10	0.1	0.24	3.97	3.60	54	1.4	0.75	1.1
10	0.2	0.24	5.02	4.60	87	1.4	0.75	1.1
10	0.3	0.24	8.28	5.86	121	1.4	0.75	1.1
12	0.1	0.32	4.60	4.14	56	1.5	0.8	1.3
12	0.2	0.32	5.44	5.02	90	1.5	0.8	1.3
12	0.3	0.32	7.11	8.28	122	1.5	0.8	1.3
14	0.1	0.4	5.02	4.60	59	1.8	1.2	1.7
14	0.2	0.4	8.28	5.86	91	1.8	1.2	1.7
14	0.3	0.4	7.53	6.69	123	1.8	1.2	1.7
16	0.1	0.48	5.44	5.02	60	2.2	1.5	2.0
16	0.2	0.48	7.11	8.28	92	2.2	1.5	2.0
16	0.3	0.48	8.37	7.53	124	2.2	1.5	2.0
18	0.1	0.56	8.28	5.86	63	2.5	1.7	2.3
18	0.2	0.56	7.95	7.11	95	2.5	1.7	2.3
18	0.3	0.56	8.79	7.95	127	2.5	1.7	2.3
20	0.1	0.64	7.11	8.28	65	2.9	1.9	2.6
20	0.2	0.64	8.37	7.53	96	2.9	1.9	2.6
20	0.3	0.64	9.62	8.79	128	2.9	1.9	2.6

注1：表中日粮干物质采食量（DMI）、消化能（DE）、代谢能（ME）、粗蛋白质（CP）、钙、总磷、食用盐每日需要量推荐数值参考自内蒙古自治区地方标准《细毛羊饲养标准》（DB 15/T 30—92）。

注2：日粮中添加的食用盐应符合 GB 5461 中的规定。

（二）绵羊育肥羊每日营养需要量

20～45 千克体重阶段舍饲绵羊育肥羊日粮干物质采食量和消化能、代谢能、粗蛋白质、钙、总磷、食用盐每日营养需要量见表 3-2，对硫、维生素 A、维生素 D、维生素 E、微量矿物质元素的日粮添加量见表 3-3。

表 3-2　绵羊育肥羊每日营养需要量

体重（千克）	日增重（千克/日）	干物质采食量（千克/日）	消化能（兆焦/日）	代谢能（兆焦/日）	粗蛋白质（克/日）	钙（克/日）	总磷（克/日）	食用盐（克/日）
20	0.10	0.8	9.00	8.40	111	1.9	1.8	7.6
20	0.20	0.9	11.30	9.30	158	2.8	2.4	7.6
20	0.30	1.0	13.60	11.20	183	3.8	3.1	7.6
20	0.45	1.0	15.01	11.82	210	4.6	3.7	7.6
25	0.10	0.9	10.50	8.60	121	2.2	2.2	7.6
25	0.20	1.0	13.20	10.80	168	3.2	3.2	7.6
25	0.30	1.1	15.80	13.00	191	4.3	4.3	7.6
25	0.45	1.1	17.45	14.35	218	5.4	5.4	7.6
30	0.10	1.0	12.00	9.80	132	2.5	2.2	8.6
30	0.20	1.1	15.00	12.30	178	3.6	3	8.6
30	0.30	1.2	18.10	14.80	200	4.8	3.8	8.6
30	0.45	1.2	19.95	16.34	351	6.0	4.6	8.6
35	0.10	1.2	13.40	11.10	141	2.8	2.5	8.6
35	0.20	1.3	16.90	13.80	187	4.0	3.3	8.6
35	0.30	1.3	18.20	16.60	207	5.2	4.1	8.6
35	0.45	1.3	20.19	18.26	233	6.4	5.0	8.6
40	0.10	1.3	14.90	12.20	143	3.1	2.7	9.6
40	0.20	1.3	18.80	15.30	183	4.4	3.6	9.6

续表 3-2

体 重（千克）	日增重（千克/日）	干物质采食量（千克/日）	消化能（兆焦/日）	代谢能（兆焦/日）	粗蛋白质（克/日）	钙（克/日）	总 磷（克/日）	食用盐（克/日）
40	0.30	1.4	22.60	18.40	204	5.7	4.5	9.6
40	0.45	1.4	24.99	20.30	227	7.0	5.4	9.6
45	0.10	1.4	16.40	13.40	152	3.4	2.9	9.6
45	0.20	1.4	20.60	16.80	192	4.8	3.9	9.6
45	0.30	1.5	24.80	20.30	210	6.2	4.9	9.6
45	0.45	1.5	27.38	22.39	233	7.4	6.0	9.6
50	0.10	1.5	17.90	14.60	159	3.7	3.2	11.0
50	0.20	1.6	22.50	18.30	198	5.2	4.2	11.0
50	0.30	1.6	27.20	22.10	215	6.7	5.2	11.0
50	0.45	1.6	30.03	24.38	237	8.5	6.5	11.0

注 1：表中日粮干物质采食量（DMI）、消化能（DE）、代谢能（ME）、粗蛋白质（CP）、钙、总磷、食用盐每日需要量推荐数值参考自新疆维吾尔自治区企业标准《新疆细毛羔羊舍饲肥育标准》（1985）。

注 2：日粮中添加的食用盐应符合 GB 5461 中的规定。

表 3-3　肉用绵羊对日粮硫、维生素、微量矿物质元素需要量
（以干物质为基础）

体重阶段	生长羔羊（4～20千克）	育成母羊（25～50千克）	育成公羊（20～70千克）	育肥羊（20～50千克）	妊娠母羊（40～70千克）	泌乳母羊（40～70千克）	最大耐受浓度[b]
硫（克/日）	0.24～1.2	1.4～2.9	2.8～3.5	2.8～3.5	2.0～3.0	2.5～3.7	—
维生素 A（单位/日）	188～940	1 175～2 350	940～3 290	940～2 350	1 880～3 948	1 880～3 434	
维生素 D（单位/日）	26～132	137～275	111～389	111～278	222～440	222～380	—

续表 3-3

体重阶段	生长羔羊（4～20千克）	育成母羊（25～50千克）	育成公羊（20～70千克）	育肥羊（20～50千克）	妊娠母羊（40～70千克）	泌乳母羊（40～70千克）	最大耐受浓度ᵇ
维生素 E（单位/日）	2.4～12.8	12～24	12～29	12～23	18～35	26～34	—
钴（毫克/千克）	0.018～0.096	0.12～0.24	0.21～0.33	0.2～0.35	0.27～0.36	0.3～0.39	10
铜ª（毫克/千克）	0.97～5.2	6.5～13	11～18	11～19	16～22	13～18	25
碘（毫克/千克）	0.08～0.46	0.58～1.2	1.0～1.6	0.94～1.7	1.3～1.7	1.4～1.9	50
铁（毫克/千克）	4.3～23	29～58	50～79	47～83	65～86	72～94	500
锰（毫克/千克）	2.2～12	14～29	25～40	23～41	32～44	36～47	1 000
硒（毫克/千克）	0.016～0.086	0.11～0.22	0.19～0.30	0.18～0.31	0.24～0.31	0.27～0.35	2
锌（毫克/千克）	2.7～14	18～36	50～79	29～52	53～71	59～77	750

注：表中维生素 A、维生素 D、维生素 E 每日需要量数据参考自 NRC（1985），维生素 A 最低需要量：47 单位/千克体重，1 毫克 β-胡萝卜素效价相当于 681 单位维生素 A。维生素 D 需要量：早期断奶羔羊最低需要量为 5.55 单位/千克体重；其他生产阶段绵羊对维生素 D 的最低需要量为 6.66 单位/千克体重，1 单位维生素 D 相当于 0.025 微克胆骨化醇。维生素 E 需要量：体重低于 20 千克的羔羊对维生素 E 的最低需要量为 20 单位/千克干物质采食量；体重大于 20 千克的各生产阶段绵羊对维生素 E 的最低需要量为 15 单位/千克干物质采食量，1 单位维生素 E 效价相当于 1 毫克 D, L-α-生育酚醋酸酯。

a 当日粮中钼含量大于 3 毫克/千克时，铜的添加量要在表中推荐值基础上增加 1 倍。

b 参考自 NRC（1985）提供的估计数据。

二、肉用山羊营养需要量

（一）生长育肥山羊羔羊每日营养需要量

生长育肥山羊羔羊每日营养需要量见表3-4。

表3-4　生长育肥山羊羔羊每日营养需要量

体 重（千克）	日增重（千克/日）	干物质采食量（千克/日）	消化能（兆焦/日）	代谢能（兆焦/日）	粗蛋白质（克/日）	钙（克/日）	总 磷（克/日）	食用盐（克/日）
1	0	0.12	0.55	0.46	3	0.1	0.0	0.6
1	0.02	0.12	0.71	0.60	9	0.8	0.5	0.6
1	0.04	0.12	0.89	0.75	14	1.5	1.0	0.6
2	0	0.13	0.90	0.76	5	0.1	0.1	0.7
2	0.02	0.13	1.08	0.91	11	0.8	0.6	0.7
2	0.04	0.13	1.26	1.06	16	1.6	1.0	0.7
2	0.06	0.13	1.43	1.20	22	2.3	1.5	0.7
4	0	0.18	1.64	1.38	9	0.3	0.2	0.9
4	0.02	0.18	1.93	1.62	16	1.0	0.7	0.9
4	0.04	0.18	2.20	1.85	22	1.7	1.1	0.9
4	0.06	0.18	2.48	2.08	29	2.4	1.6	0.9
4	0.08	0.18	2.76	2.32	35	3.1	2.1	0.9
6	0	0.27	2.29	1.88	11	0.4	0.3	1.3
6	0.02	0.27	2.32	1.90	22	1.1	0.7	1.3
6	0.04	0.27	3.06	2.51	33	1.8	1.2	1.3
6	0.06	0.27	3.79	3.11	44	2.5	1.7	1.3
6	0.08	0.27	4.54	3.72	55	3.3	2.2	1.3
6	0.10	0.27	5.27	4.32	67	4.0	2.6	1.3
8	0	0.33	1.96	1.61	13	0.5	0.4	1.7

续表 3-4

体 重（千克）	日增重（千克/日）	干物质采食量（千克/日）	消化能（兆焦/日）	代谢能（兆焦/日）	粗蛋白质（克/日）	钙（克/日）	总 磷（克/日）	食用盐（克/日）
8	0.02	0.33	3.05	2.5	24	1.2	0.8	1.7
8	0.04	0.33	4.11	3.37	36	2.0	1.3	1.7
8	0.06	0.33	5.18	4.25	47	2.7	1.8	1.7
8	0.08	0.33	6.26	5.13	58	3.4	2.3	1.7
8	0.10	0.33	7.33	6.01	69	4.1	2.7	1.7
10	0	0.46	2.33	1.91	16	0.7	0.4	2.3
10	0.02	0.48	3.73	3.06	27	1.4	0.9	2.4
10	0.04	0.50	5.15	4.22	38	2.1	1.4	2.5
10	0.06	0.52	6.55	5.37	49	2.8	1.9	2.6
10	0.08	0.54	7.96	6.53	60	3.5	2.3	2.7
10	0.10	0.56	9.38	7.69	72	4.2	2.8	2.8
12	0	0.48	2.67	2.19	18	0.8	0.5	2.4
12	0.02	0.50	4.41	3.62	29	1.5	1.0	2.5
12	0.04	0.52	6.16	5.05	40	2.2	1.5	2.6
12	0.06	0.54	7.90	6.48	52	2.9	2.0	2.7
12	0.08	0.56	9.65	7.91	63	3.7	2.4	2.8
12	0.10	0.58	11.40	9.35	74	4.4	2.9	2.9
14	0	0.50	2.99	2.45	20	0.9	0.6	2.5
14	0.02	0.52	5.07	4.16	31	1.6	1.1	2.6
14	0.04	0.54	7.16	5.87	43	2.4	1.6	2.7
14	0.06	0.56	9.24	7.58	54	3.1	2.0	2.8
14	0.08	0.58	11.33	9.29	65	3.8	2.5	2.9
14	0.10	0.60	13.40	10.99	76	4.5	3.0	3.0
16	0	0, 52	3.30	2.71	22	1.1	0.7	2.6
16	0.02	0.54	5.73	4.70	34	1.8	1.2	2.7
16	0.04	0.56	8.15	6.68	45	2.5	1.7	2.8
16	0.06	0.58	10.56	8.66	56	3.2	2.1	2.9

续表 3-4

体 重（千克）	日增重（千克/日）	干物质采食量（千克/日）	消化能（兆焦/日）	代谢能（兆焦/日）	粗蛋白质（克/日）	钙（克/日）	总 磷（克/日）	食用盐（克/日）
16	0.08	0.60	12.99	10.65	67	3.9	2.6	3.0
16	0.10	0.62	15.43	12.65	78	4.6	3.1	3.1

注 1：表中 0～8 千克体重阶段肉用绵羊羔羊日粮干物质采食量（DMI）按每千克代谢体重 0.07 千克估算；体重大于 10 千克时，按中国农业科学院畜牧研究所 2003 年提供的如下公式计算获得：

DMI＝（26.45 × W0.75＋0.99 × ADG）/ 1 000

式中：

DMI——干物质采食量，单位为千克每日（千克/日）；

W——体重，单位为千克（千克）；

注 2：表中代谢能（ME）、粗蛋白质（CP）数值参考自杨在宾等（1997）对青山羊数据资料。

注 3：表中消化能（DE）需要量数值根据 ME/0.82 估算。

注 4：表中钙需要量按表 3-4 中提供参数估算得到，总磷需要量根据钙磷比为 1.5：1 估算获得。

注 5：日粮中添加的食用盐应符合 GB 5461 中的规定。

（二）山羊育肥羊每日营养需要量

山羊育肥羊 15～30 千克体重阶段消化能、代谢能、粗蛋白质、钙、总磷、食用盐每日营养需要量见表 3-5。

表 3-5　山羊育肥羊每日营养需要量

体 重（千克）	日增重（千克/日）	干物质采食量（千克/日）	消化能（兆焦/日）	代谢能（兆焦/日）	粗蛋白质（克/日）	钙（克/日）	总 磷（克/日）	食用盐（克/日）
15	0	0.51	5.36	4.40	43	1.0	0.7	2.6
15	0.05	0.56	5.83	4.78	54	2.8	1.9	2.8
15	0.10	0.61	6.29	5.15	64	4.6	3.0	3.1
15	0.15	0.66	6.75	5.54	74	6.4	4.2	3.3

续表 3-5

体 重（千克）	日增重（千克/日）	干物质采食量（千克/日）	消化能（兆焦/日）	代谢能（兆焦/日）	粗蛋白质（克/日）	钙（克/日）	总 磷（克/日）	食用盐（克/日）
15	0.20	0.71	7.21	5.91	84	8.1	5.4	3.6
20	0	0.56	6.44	5.28	47	1.3	0.9	2.8
20	0.05	0.61	6.91	5.66	57	3.1	2.1	3.1
20	0.10	0.66	7.37	6.04	67	4.9	3.3	3.3
20	0.15	0.71	7.83	6.42	77	6.7	4.5	3.6
20	0.20	0.76	8.29	6.80	87	8.5	5.6	3.8
25	0	0.61	7.46	6.12	50	1.7	1.1	3.0
25	0.05	0.66	7.92	6.49	60	3.5	2.3	3.3
25	0.10	0.71	8.38	6.87	70	5.2	3.5	3.5
25	0.15	0.76	8.84	7.25	81	7.0	4.7	3.8
25	0.20	0.81	9.31	7.63	91	8.8	5.9	4.0
30	0	0.65	8.42	6.90	53	2.0	1.3	3.3
30	0.05	0.70	8.88	7.28	63	3, 8	2.5	3.5
30	0.10	0.75	9.35	7.66	74	5.6	3.7	3.8
30	0.15	0.80	9.81	8.04	84	7.4	4.9	4.0
30	0.20	0.85	10.27	8.42	94	9.1	6.1	4.2

注1：表中干物质采食量（DMI）、消化能（DE）、代谢能（ME）、粗蛋白质（CP）数值来源于中国农业科学院畜牧所（2003），具体计算公式如下：

DMI，千克/日 ＝（26.45 × $W^{0.75}$ ＋ 0.99 × ADG）/1 000

DE，兆焦/日 ＝4.184 ×（140.61 × $LBW^{0.75}$ ＋2.21 × ADG ＋210.3）/1 000

ME，单位/日 ＝4.184 ×（0.475 × ADG ＋95.19）× $LBW^{0.75}$/1 000

CP，克/日 ＝28.86＋1.905 × $LBW^{0.75}$＋0.202 4 × ADG

以上式中：

　　　DMI——干物质采食量，单位为千克每日（千克/日）；

　　　DE——消化能，单位为兆焦每日（兆焦/日）；

　　　ME——代谢能，单位为兆焦每日（兆焦/日）；

　　　CP——粗蛋白质，单位为克每日（克/日）；

　　　LBW——活体重，单位为千克（千克）；

　　　ADG——平均日增重，单位为克每日（克/日）。

注2：表中钙、总磷每日需要量来源见表3-4中注4。

注3：日粮中添加的食用盐应符合 GB 5461 中的规定。

（三）山羊对矿物质元素每日需要量

山羊对矿物质元素每日需要量见表 3-6、表 3-7。

表 3-6　山羊对常量矿物质元素每日需要量

常量元素	维持需要 （毫克／千克体重）	妊娠需要 （克／千克胎儿）	泌乳需要 （克／千克产奶）	生长需要 （克／千克）	吸收率 （％）
钙（Ca）	20	11，5	1.25	10.7	30
总磷（P）	30	6.6	1.0	6.0	65
镁（Mg）	3.5	0.3	0.14	0.4	20
钾（K）	50	2.1	2.1	2.4	90
钠（Na）	15	1.7	0.4	1.6	80
硫	0.16%～0.32%（以采食日粮干物质为基础）				

注 1：表中参数参考自 Kessler（1991）和 Haenlein（1987）资料信息。
　　 2：表中"-"表示暂无此项数据。

表 3-7　山羊对微量元素每日需要量

微量元素	推荐量，毫克／千克	微量元素	推荐量，毫克／千克
铁（Fe）	30～40	锰（Mn）	60～120
铜（Cu）	10～20	锌（Zn）	50～80
钴（Co）	0.11～0.2	硒（Se）	0.05
碘（I）	0.15～2.0		

注 1：表中推荐数值参考自 AFRC（1998），以采食日粮干物质为基础。

三、肉羊营养配方设计

标准的配合饲料又称全价配合饲料或全价料，是按照动物的营养需要标准（或饲养标准）和饲料营养成分价值表，由多种单个饲料原料（包括合成的氨基酸、维生素、矿物质元素及非营养性添加剂）混合而成的，能够完全满足动物对各种营养物质的需要。

　　饲料配制方法很多，常用的有手算法和电子计算机运算法。随着近年来计算机技术的快速发展，人们已经开发出了功能越来越完全、速度越来越快的计算机专用配方软件，使用起来越来越简单，大大方便了广大养羊户。

（一）电子计算机运算法

　　运用电子计算机制定饲料配方，主要根据所用饲料的品种和营养成分、羊对各种营养物质的需要量及市场价格变动情况等条件，将有关数据输入电子计算机，并提出约束条件（如饲料配比、营养指标等），根据线性规划原理很快就可计算出能满足营养要求而价格较低的饲料配方，即最佳饲料配方。

　　电子计算机运算法配方的优点是速度快，计算准确，是饲料工业现代化的标志之一。但需要有一定的设备和专业技术人员。

（二）手　算　法

　　手算法包括试差法、对角线法和代数法等。其中以"试差法"较为实用。试差法是专业知识，算术运算及计算经验相结合的一种配方计算方法，可以同时计算多个营养指标，不受饲料原料种数限制。但要配平一个营养指标满足已确定的营养需要，一般要反复试算多次才可能达到目的。在对配方设计要求不太严格的条件下，此法仍是一种简便可行的计算方法。现以体重35千克，预期日增重200克的生长育肥绵羊饲料配方为例，举例说明如下。

　　1. 查羊饲养标准　见表3-8。

表3-8　体重35千克，日增重200克的生长育肥羊饲养标准

干物质（千克/只·日）	消化能（兆焦/只·日）	粗蛋白质（克/只·日）	钙（克/只·日）	磷（克/只·日）	食　盐（克/只·日）
1.05～1.75	16.89	187	4.0	3.3	9

2. 查饲料成分表

根据羊场现有饲料条件，可利用饲料为玉米秸青贮、野干草、玉米、麸皮、棉籽饼、豆饼、磷酸氢钙、食盐（表 3-9）。

表 3-9　供选饲料养分含量

饲料名称	干物质（%）	消化能（兆焦 / 千克）	粗蛋白质（%）	钙（%）	磷（%）
玉米秸青贮	26	2.47	2.1	0.18	0.03
野干草	90.6	7.99	8.9	0.54	0.09
玉　米	88.4	15.40	8.6	0.04	0.21
麸　皮	88.6	11.09	14.4	0.18	0.78
棉籽饼	92.2	13.72	33.8	0.31	0.64
豆　饼	90.6	15.94	43.0	0.32	0.50
磷酸氢钙				32	16

3. 确定粗饲料采食量

一般羊粗饲料干物质采食量为体重的 2% ～ 3%，取中等用量 2.5%，则 35 千克体重羊需粗饲料干物质为 0.875 千克。按玉米秸青贮和野干草各占 50% 计算，用量分别为 0.875 × 50% ＝ 0.44 千克。然后计算出粗饲料提供的养分含量（表 3-10）。

表 3-10　粗饲料提供的养分含量

饲料名称	干物质（千克）	消化能（兆焦）	粗蛋白质（克）	钙（克）	磷（克）
玉米秸青贮	0.44	4.17	35.5	3.04	0.51
野干草	0.44	3.88	43.25	2.62	0.44
合　计	0.88	8.05	78.75	5.66	0.95
与标准差值	0.17 ～ 0.87	8.84	108.25	1.66	−2.35

4. 试定各种精料用量并计算出养分含量

见表 3–11。

表 3–11　试定精饲料养分含量

饲料 名称	用　量 （千克）	干物质 （千克）	消化能 （兆焦）	粗蛋白质 （克）	钙 （克）	磷 （克）
玉　米	0.36	0.32	5.544	30.96	0.14	0.76
麸　皮	0.14	0.124	1.553	20.16	0.25	1.09
棉籽饼	0.08	0.07	1.098	27.04	0.25	0.51
豆　饼	0.04	0.036	0.638	17.2	0.13	0.2
尿　素	0.005	0.005		14.4		
食　盐	0.009	0.009				
合　计	0.634	0.56	8.832	109.76	0.77	2.56

由上表可见日粮中的消化能和粗蛋白质已基本符合要求，如果消化能高（或低），应相应减（或增）能量饲料，粗蛋白质也是如此，能量和蛋白质符合要求后再看钙和磷的水平，两者都已超出标准，且钙、磷比为 1.78：1，属正常范围（1.5～2：1），不必补充相应的饲料。

5. 定出饲料配方

此育肥羊日粮配方为：青贮玉米秸 1.69（0.44/0.26）千克，野干草 0.49（0.44/0.906）千克，玉米 0.36 千克，麸皮 0.14 千克，棉籽饼 0.08 千克，豆饼 0.04 千克，尿素 5 克，食盐 9 克，另加添加剂预混料。

精料混合料配方（%）：玉米 56.9%，麸皮 22%，棉籽饼 12.6%，豆饼 6.3%，尿素 0.8%，食盐 1.4%，添加剂预混料另加。

（三）典型饲料配方举例

设计和采用科学而实用的饲料配方是合理利用当地饲料资

源，提高养羊生产水平，保证羊群健康，获得较高经济效益的重要保证。体重15～20千克，日增重200克羔羊育肥日粮推荐配方见表3-12、表3-13。

表3-12　体重15～20千克，日增重200克羔羊育肥日粮推荐配方

饲料原料	采食量（克/日）	全日粮配比（%）	精料配比（%）	营养水平	
花生蔓	430.0	38.3	—	DE（兆焦/千克）	10.70
野干草	320.0	29.1	—	CP（%）	12.36
玉　米	226.7	18.9	58.0	NFC（%）	27.28
小麦麸	22.1	2.0	6.0	NDF（%）	48.52
棉籽粕	29.2	2.6	8.0	ADF（%）	34.18
豆　粕	85.4	7.5	23.0	Ca（%）	0.62
食　盐	4.9	0.49	1.5	P（%）	0.31
磷酸氢钙	1.6	0.16	0.5	Ca/P	2.01
石　粉	2.6	0.26	0.8	RDP/RUP	1.61
碳酸氢钠	3.9	0.39	1.2		
预混料	3.3	0.33	1.0		
合计（千克）	1.13	100.0	100.0		

　　注：DE代谢能，CP粗蛋白质，NFC非纤维碳水化合物，NDF中性洗涤纤维，ADF酸性洗涤纤维，Ca钙，P磷，Ca/P钙磷比，RDP/RUP瘤胃降解蛋白质与瘤胃非降解蛋白质比，下同。

表3-13　体重20～25千克，日增重200克羔羊育肥日粮推荐配方

饲料原料	采食量（克/日）	全日粮配比（%）	精料配比（%）	营养水平	
玉米秸青贮	2 000.0	38.9	—	DE（兆焦/千克）	10.9
花生蔓	500.0	34.5	—	CP（%）	11.3
玉　米	241.1	15.4	58.0	NFC（%）	27.6
小麦麸	39.2	2.7	10.0	NDF（%）	50.6
棉籽粕	31.1	2.1	8.0	ADF（%）	35.2
豆　粕	78.9	5.3	20.0	Ca（%）	0.66

续表 3-13

饲料原料	采食量 （克／日）	全日粮配比 （％）	精料配比 （％）	营养水平	
食 盐	5.2	0.4	1.5	磷（％）	0.32
磷酸氢钙	3.5	0.3	1.0	钙／P	2.09
石 粉	1.7	0.1	0.5	RDP／RUP*	1.66
碳酸氢钠	1.7	0.1	0.5		
预混料	1.7	0.1	0.5		
合计（千克）	2.90	100.0	100.0		

*RDP／RUP 为瘤胃降解蛋白质与瘤胃非降解蛋白质比。

四、肉羊饲料的配制

（一）饲料原料

肉羊原料包括干草类（花生秧、甘薯秧、豆秸、花生壳、米糠、谷糠，以及部分菌棒等），精饲料（玉米、豆粕、棉籽粕、麸皮、预混料），糟渣类（豆腐渣、酒糟、啤酒渣、果渣、药厂的糖渣等）3 大类。

1. 干 草 类

尽量结合当地资源选择（图 3-1 至图 3-3）。

图 3-1 玉米秸秆

图 3-2 小型秸秆收割机

图 3-3　大型秸秆收割机

2. 羊专用预混料

根据羊的营养需求，羊的预混料基本分为羔羊预混料，肥育羊预混料和种羊预混料 3 种。羊专用预混料主要包括钴、钼、铜、碘、铁、锰、硒、锌等各种微量元素，食盐，磷酸氢钙和维生素 A、维生素 D_3、维生素 E 等各种维生素。预混料是舍饲养羊所必需的。任何一种物质的缺乏均会导致繁殖下降，甚至繁殖障碍。

羊专用预混料使用量：舍饲羊只按 50 千克体重每日专用预混料需求量计算，食盐要大于 6 克，磷酸氢钙要大于 6 克，各种微量元素大于 6 克，再加佐料，维生素等，每日 50 千克体重羊专用预混料添加在 30 克左右。

目前，市场上常见到的羊预混料往往以百分比计量为主，因羊每日对预混料的需求量是相对稳定的，百分比计量的预混料在配方设计上均没有标记按羊采食多少精饲料添加，在养羊场（户）使用时，往往造成预混料不足或者过量，均影响羊的正常生长发育和繁殖。

羊专用预混料使用注意事项：羊专用预混料不可直接饲喂，使用时尽量与精饲料混合均匀；合格的羊专用预混料，无须另行添加其他添加剂，有特殊情况例外。

3. 糟 渣 类

糟渣类作为饲料原料喂羊，不仅降低成本，也能充分利用资源优势，但必须科学保存，合理添加。例如，豆腐渣蛋白质含量很高，但能量不足，在使用豆腐渣时，可降低精饲料中豆粕、棉籽粕的含量，适当增加青贮饲料含量；酒糟、啤酒渣、果渣、药厂的糖渣等正好相反，能量较高，但蛋白质含量相对低，可在精饲料中适当提高豆粕、棉籽粕的含量（图 3-4 至图 3-6）。

图 3-4 豆 腐 渣　　　　图 3-5 啤 酒 渣　　　图 3-6 利用玉米提
　　　　　　　　　　　　　　　　　　　　　　　　　纯酒精的副产品

4. 有效微生物群（EM 菌）

EM 菌为有效微生物群的英文缩写，也被称为 EM 技术。它由光合细菌、乳酸菌、酵母菌、芽孢杆菌、醋酸菌、双歧杆菌、放线菌 7 大类微生物中的 10 属 80 种微生物共生共荣，这些微生物能非常有效地分解有机物。它是由世界著名应用微生物学家日本琉球大学比嘉照夫教授在 20 世纪 70 年代发明的，EM 技术是目前世界上应用范围最大的一项生物工程技术。只要使用恰当，它就会与所到之处的良性力量迅速结合，产生抗氧化物质，消除氧化物质，消除腐败，抑制病原菌，形成良好的生态环境。

羊属于反刍动物，采食粗饲料既是消化特点的需要，也能充分利用饲料资源，如何调制粗饲料对于养羊显得尤为重要。青贮饲料是青绿饲料贮存的最好方式。模拟青贮自然发酵过程的微生物群落特点，筛选与配制能够促进青贮原料快速发酵的活菌制剂，在青贮饲料制作时加入青贮原料中，可以改善青贮饲料的质量。

微生物青贮剂也称青贮接种菌，是专门用于饲料青贮的一类微生物添加剂，由 2 种以上的产酸益生菌、复合酶、益生素等多种成分组成，主要作用是有目的地调节青贮原料内主导微生物菌群，调控青贮发酵过程，促进乳酸菌大量繁殖更快地产生乳酸，促进多糖与粗纤维的转化，从而有效地提高青贮饲料的质量。

这种技术的特点是：

①微生物青贮剂添加到青贮原料中，其中乳酸菌为主导发酵菌群，加速发酵进程，产生更多的乳酸，使 pH 值快速下降，限制植物酶的活性，抑制粗蛋白质降解成非蛋白氮，有助于减少蛋白质的损失。

②可提高发酵物干物质回收率 1%～2%，提高青贮饲料的消化率。

③降低了青贮饲料中乙酸和乙醇的数量，提高乳酸的含量，改善适口性，提高羊只采食量。

④能够保护青贮饲料蛋白质不被分解，而直接被瘤胃利用。

（二）羊全混合日粮（TMR）配制

TMR 是全混合日粮的英文缩写，羊用 TMR 饲料是指根据羊在不同生长阶段对营养的需要，进行科学调配，将多种饲料原料，包括粗饲料、精饲料及饲料添加剂等成分，用特定设备经粉碎、混匀而制成的全价配合饲料。全混合日粮保证了羊所采食的每一口饲料都具有均衡性的营养。全混合日粮在规模羊场得到了快速推广，是规模养羊发展的必然。

1. TMR 饲养工艺的优点

①精、粗饲料均匀混合，避免羊挑食，维持瘤胃 pH 值稳定，防止瘤胃酸中毒。羊单独采食精饲料后，瘤胃内产生大量的酸；而采食有效纤维能刺激唾液的分泌，降低瘤胃酸度。TMR 使羊均匀地采食精、粗饲料，维持相对稳定的瘤胃 pH 值，有利于瘤胃健康。

②改善饲料适口性，提高采食量。与传统的粗、精饲料分开饲喂的方法相比，TMR 饲料可增加羊体内益生菌的繁殖和生长，促进营养的充分吸收，提高饲料转化率，可有效解决营养负平衡

时期的营养供给问题。

③增加羊干物质采食量，提高饲料转化率。提高生长速度，缩短存栏期。根据羊生长各个阶段所需不同的营养，更精确地配制均衡营养的饲料配方，使日增重大大提高。例如，山羊体重10～40千克阶段，日增重可达到200克，与普通自配料相比可以缩短出栏期3个月。

④充分利用农副产品和一些适口性差的饲料原料，减少饲料浪费，降低饲料成本。

⑤根据饲料品质、价格，灵活调整日粮，有效利用非粗饲料的中性洗涤纤维（NDF）。

⑥简化饲喂程序，减少饲养的随意性，使管理的精准程度大大提高。可提高劳动生产率，降低管理成本。

⑦实行分群管理，便于机械饲喂，提高劳动生产率，降低劳动力成本。

⑧实现一定区域内小规模羊场的日粮集中统一配送，从而提高养羊业生产的专业化程度。

⑨增强瘤胃功能，有效预防消化道疾病。羊用TMR饲料既可以保证羊的正常反刍，又大大减少了羊反刍活动所消耗的能量，并有效地把瘤胃pH值控制在6.4～6.8，有利于瘤胃微生物的活性及其蛋白质的合成，从而避免瘤胃酸中毒和其他相关疾病的发生。实践证明，使用数月羊用全配合饲料，不仅可降低消化道疾病90%以上，而且可以提高羊只的免疫力，减少流行性疾病的发生。

⑩由于以上原因，使用羊用TMR饲料，与传统饲料饲喂方式对比，羊采食量高、生长速度快、发病率低、经济效益好。

2. TMR日粮的关键点

（1）羊只分群 TMR饲养工艺的前提是必须实行分群管理，合理的分群对保证羊健康、提高羊产量以及科学控制饲料成本等都十分重要。对规模羊场来说，根据不同生长发育阶段羊的营养

需要，结合 TMR 工艺的操作要求及可行性，才可制作出更好的
TMR 日粮。

（2）**TMR 日粮的调配** 根据不同群别的营养需要，考虑 TMR
制作的方便可行，一般要求调制不同营养水平的 TMR 日粮。对
于一些健康方面存在问题的特殊羊群，可根据羊群的健康状况和
采食情况饲喂相应合理的 TMR 日粮或粗饲料。

哺乳期羔羊开食料指精饲料，要求营养丰富而全面，适口性
好。给予少量 TMR，让其自由采食，引导采食粗饲料。断奶后
到 6 月龄以前主要供给育肥羊 TMR。

3. TMR 日粮的制作

（1）**添加顺序** 基本原则：遵循先干后湿，先粗后精，先轻
后重的原则。添加顺序：干草，粗饲料，精饲料，青贮饲料，湿
糟类等。如果是立式饲料搅拌车应将精饲料和干草添加顺序颠倒。

（2）**搅拌时间** 掌握适宜搅拌时间的原则，最后一种饲料加
入后搅拌 5～8 分钟即可。

（3）**效果评价** 从感官上，搅拌效果好的 TMR 日粮表现在：
精、粗饲料混合均匀，松散不分离，色泽均匀，新鲜不发热，无
异味，不结块。

（4）**水分控制** 水分控制在 45%～55%。

4. 注意事项

①根据搅拌车的使用说明，掌握适宜的搅拌量，避免装载过
多，影响搅拌效果。通常装载量占总容积的 60%～75% 为宜。

②严格按日粮配方，保证各组分精确给量，定期校正计量控
制器。

③根据青贮饲料及豆腐渣等农副产品的含水量，掌握控制
TMR 日粮水分。

④添加过程中，防止铁器、石块、包装绳等杂质混入搅拌
车，以免造成车辆损伤。

⑤TMR 饲养工艺的特点讲究的是群体饲养效果，同一组群

内个体的差异被忽略，不能对羊进行单独饲喂，产量及体况在一定程度上取决于个体采食量差异。

（三）育肥羊全价颗粒饲料配制

育肥羊全价颗粒饲料是指根据羊生长发育阶段和生产、生理状态的营养需求和饲养目的，将多种饲料原料，包括粗饲料、精饲料及饲料添加剂等成分，用特定设备经粉碎、混匀而制成的。

羊全价颗粒饲料是近年来研究的一种羊的颗粒饲料，是一种集约化、科学的饲养羊方法，是把羊每日所需要的各种饲料，通过颗粒饲料机加工成颗粒饲料来喂养，降低粗饲料的浪费，提高养羊效益，减少养羊工人的繁重工作，整个饲养过程可以采用机械化管理。1 个人可以饲养 2 000 只羊以上，是未来养羊的一种趋势。

第四章
肉羊场的建设

　　科学合理地规划设计羊场是养羊盈利的基础，如何才能做到科学合理，必须满足以下两个条件：一是结合当地气候环境条件，结合羊的生理特点，最小化成本投资，最大化利于肉羊生产；二是充分利用现代化设施设备，借鉴猪、鸡、牛等养殖模式，结合羊的生理特点，减少劳动力使用。

一、场址的选择

　　羊场场址的选择是养羊的重要环节，也是养羊成败的关键，无论是新建羊场，还是在现有设施的基础上进行改建或扩建，选址时必须综合考虑自然环境、社会经济状况、羊群的生理和行为需求、卫生防疫条件、生产流通及组织管理等各种因素，科学和因地制宜地处理好相互之间的关系。

　　因此，羊场场址的选择要从羊的生理特点着手，结合当地环境、资源等基础条件，为羊创造一个最佳的生活环境。在《农产品安全质量　无公害畜禽肉产地环境要求》（GB/T 18407.3—2001）和《无公害食品　肉羊饲养管理准则》（NY/T 5151—2002）所要求的基础上进行合理的选择。

（一）地形地势

地形是指场地的形状、范围以及地物，包括山岭、河流、道路、草地、树林、居民点等的相对平面位置状况；地势是指场地的高低起伏状况。羊场的场地应选在地势较高、干燥平坦、排水良好和背风向阳的地方。

1. 平原地区

一般场地比较平坦、开阔，场址应注意选择在较周围地段稍高的地方，以利排水。地下水位要低，以低于建筑物地基深度0.5米以下为宜。

2. 靠近河流、湖泊的地区

场地要选择在较高的地方，应比当地水文资料中最高水位高1～2米，以防涨水时被水淹没。

3. 山　区

建场应尽量选择在背风向阳、面积较大的缓坡地带。应选在稍平缓坡上，坡面向阳，总坡度不超过25%，建筑区坡度应在2.5%以内。坡度过大，不但在施工中需要大量填挖土方，增加工程投资，而且在建成投产后也会给场内运输和管理工作造成不便。山区建场还要注意地质构造情况，避开容易发生断层、滑坡、塌方的地段，也要避开坡底和谷地及风口，以免受山洪和暴风雪的袭击。

羊有喜干燥厌潮湿的生活习性，如长期生活在低洼潮湿环境中，不仅影响生产性能的发挥，而且容易引发寄生虫病等一些疾病。因而，切忌将羊场建在低洼地、山谷、朝阴、冬季风口等处。土质黏性过重，透气透水性差，不易排水的地方，也不适宜建场。地下水位应在2米以下，土质以沙壤土为好，且舍外运动场具有5%～10%的小坡度。这样，既有利于防洪排涝，又不至于发生断层、陷落、滑坡或塌方，地形比较平坦，土层透水性好。

（二）饲草料来源

饲草料是羊赖以生存的最基本条件。建羊场要考虑有稳定的饲料供给，如放牧地、饲料生产基地、打草场等。因此，对以舍饲为主的羊场，必须有足够的饲草饲料基地和便利的饲料原料来源；对以放牧为主的羊场，必须有足够的牧地和草场。切忌在草料缺乏或附近无放牧地的地方建立羊场。

（三）水、电资源

具有清洁而充足的水源，是建羊场必须考虑的基本条件。羊场要求四季供水充足，取用方便，最好使用自来水、泉水、井水和流动的河水；并且水质良好，水中大肠杆菌数、固形物总量、硝酸盐和亚硝酸盐的总含量应低于规定指标。

水源水质关系着生产和生活用水与建筑施工用水，水资源应符合《无公害食品　畜禽饮用水水质标准》（NY 5027—2001）。首先要了解水源的情况，如地面水（河流、湖泊）的流量，汛期水位；地下水的初见水位和最高水位，含水层的层次、厚度和流向。对水质情况需了解酸碱度、硬度、透明度，有无污染源和有害化学物质等，还应提取水样做水质的物理、化学和生物污染等方面的化验分析。了解水源水质状况是为了便于计算拟建场地地段范围内的水的资源，供水能力，能否满足羊场生产、生活、消防用水要求。

在仅有地下水源的地区建场，第一步应先打一眼井。如果打井时出现任何意外，如流速慢、泥沙多或水质问题，最好是另选场址，这样可减少损失。对羊场而言，建立自己的水源，确保供水是十分必要的。此外，水源和水质与建筑工程施工用水也有关系，主要与水泥砂浆和混凝土搅拌用水的质量要求有关。水中的有机质在混凝土凝固过程中发生化学反应，会降低混凝土的强度，锈蚀钢筋，形成对钢混结构的破坏。

如羊场附近有排污水的工厂，应将羊场建于其上游。切忌在严重缺水或水源严重污染的地方建立羊场。尽量要求有电或水电问题较易解决；不造成社会公用水源的污染；土地开发利用价值低的地方。

羊场内生产和生活用电都要求有可靠的供电条件。因此，需了解供电源的位置，与羊场的距离，最大供电允许量，是否经常停电，有无可能双路供电等。通常，建设羊场要求有Ⅱ级供电电源。在Ⅲ级以下供电电源时，则需自备发电机，以保证场内供电的稳定可靠。为减少供电投资，应尽可能靠近输电线路，以缩短新线路敷设距离。

（四）交 通

羊场要求建在交通便利的地方，便于饲草和羊只的运输。羊场的交通方便而又不紧邻交通要道。距离公路、铁路交通要道远近适宜，同时考虑交通运输的便利和有利于防疫两个方面的因素。要与村落保持150米以上的距离，并尽量处在村落下风向和低于农舍、水井的地方。但为了防疫的需要，羊场应距离村镇不少于500米，离交通干线1 000米、一般路道500米以上。同时，应考虑能提供充足的能源和方便的电讯条件，特别是电力供应要正常。这是现代养羊生产对外交流、合作的必备条件，也便于商品流通。应根据国家畜牧业发展规划和各地畜禽品种发展区划，将羊场选在适合当地主要发展品种的中心。

（五）防 疫

在羊场场地及周围地区必须为无疫病区，放牧地和打草场均未被污染。羊场周围的畜群和居民宜少，应尽量避开附近单位的羊群转场通道，以便在一旦发生疫病时容易隔离、封锁。选址时要充分了解当地和周围的疫情状况，切忌将养羊场建在羊传染病和寄生虫病流行的疫区，也不能将羊场建于化工厂、屠宰场、制革厂等易造成环境污染的企业的下风向。同时，羊场也不能污染周围环境，应处于居民点的下风向。

（六）环境生态

遵循国家《恶臭污染物排放标准》（GB 14554—1993）和《畜禽场环境质量标准》（NY/T 388—1999）。了解国家羊生产相关政策、地方生产发展方向和资源利用等。在开始建设以前，应获得市政、建设、环保等有关部门的批准。此外，还必须取得有关法规的施工许可证。

选择场址必须符合本地区农牧业生产发展总体规划、土地利用发展规划和城乡建设发展规划的用地要求。必须遵守十分珍惜和合理利用土地的原则，不得占用基本农田，尽量利用荒地和劣地建场。大型羊企业分期建设时，场址选择应一次完成，分期征地。近期工程应集中布置，征用土地满足本期工程所需面积。远期工程可预留用地，随建随征。

以下地区或地段的土地不宜征用：①规定的自然保护区、生活饮用水水源保护区、风景旅游区；②受洪水或山洪威胁及有泥石流、滑坡等自然灾害多发地带；③自然环境污染严重的地区。

二、羊场的布局

羊场的功能分区是否合理，各区建筑物布局是否得当，不仅影响基建投资、经营管理、生产组织、劳动生产率和经济效益，而且影响场区的环境状况和防疫卫生。因此，应认真做好羊场的分区规划，确定场区各种建筑物的合理布局。

（一）羊场的功能分区

羊场通常分为生活管理区、辅助生产区、生产区和隔离区。生活管理区和辅助生产区应位于场区常年主导风向的上风向处和地势较高处，隔离区位于场区常年主导风向的下风向处和地势较低处（图 4-1）。

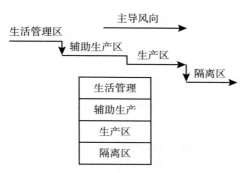

图 4-1 按地势、风向的分区规划图

（二）羊场的规划布局

1. 生活管理区

主要包括管理人员办公室、技术人员业务用房、接待室、会议室、技术资料室、化验室、食堂、职工值班宿舍、厕所、传达室、警卫值班室，以及围墙和大门、外来人员第一次更衣消毒室和车辆消毒设施等。

对生活管理区的具体规划因羊场规模而定。生活管理区一般应位于场区全年主导风向的上风向处或侧风向处，并且应在紧邻场区大门内侧集中布置。羊场大门应位于场区主干道与场外道路连接处，设施布置应使外来人员或车辆经过强制性消毒，并经门卫放行才能进场。

生活管理区应与生产区严格分开，与生产区之间有一定缓冲地带，生产区入口处设置第二次人员更衣消毒室和车辆消毒设施。

2. 辅助生产区

主要是供水、供电、供热、设备维修、物资仓库、饲料贮存等设施，这些设施应靠近生产区的负荷中心布置，与生活管理区没有严格的界限要求。对于饲料仓库，则要求仓库的卸料口开在辅助生产区内，仓库的取料口开在生产区内，杜绝外来车辆进入生产区，保证生产区内外运料车互不交叉使用。

3. 生 产 区

主要布置不同类型的羊舍、剪毛间、采精室、人工授精室、羊装卸台、选种展示厅等建筑。这些设施都应设置两个出入口，分别与生活管理区和生产区相通。

4. 隔 离 区

隔离区内主要是兽医室、隔离羊舍、尸体解剖室、病尸高压灭菌或焚烧处理设备及粪便和污水贮存与处理设施。隔离区应位于全场常年主导风向的下风向处和全场场区最低处，与生产区的间距应满足兽医卫生防疫要求。绿化隔离带、隔离区内部的粪便污水处理设施和其他设施也需有适当的卫生防疫间距。隔离区内的粪便污水处理设施与生产区有专用道路相连，与场区外有专用大门和道路相通（图4-2）。

图4-2　某规模羊场布局图

三、肉羊舍建设的基本要求

羊舍是羊只生活的主要环境之一，羊舍的建设是否利于羊生产的需要，在一定程度上成为养羊成败的关键。羊舍的规划建设必须结合不同地域和气候环境进行。一是要结合当地气候环境，南方地区由于天气较热，羊舍建设主要以防暑降温为主；而北方地区则以保温防寒为主；二是尽量使建设成本降低，经济实用；三是创造有利于羊的生产环境；四是圈舍的结构要有利于防疫；五是保证人员出入、饲喂羊群、清扫栏圈方便；六是圈内光线充足、空气流通、羊群居住舒适。同时，主要圈舍应选择南北朝向，后备羊舍、产羔舍、羔羊舍要合理布局，而且要留有一定间距（图4-3、图4-4）。

图4-3 开放式羊舍

图4-4 封闭式羊舍

（一）地点要求

根据羊的生物学特性，应选地势高燥、排水良好、背风向阳、通风干燥、水源充足、环境安静、交通便利、方便防疫的地点建造羊舍。山区或丘陵地区可建在靠山向阳坡，但坡度不宜过大，南面应有广阔的运动场。低洼、潮湿的地方容易发生羊的腐蹄病和各种传染病，不利于羊的健康，不适合羊舍建设。羊舍应接近放牧地及水源，要根据羊群的分布而适当布局。羊舍要充分利用冬季阳光采暖，朝向一般为坐北朝南，位于办公室和住房的下风向，屋角对着冬、春季的主导风向。用于冬季产羔的羊舍，要选择背山、背风、冬春季容易保温的地方。

（二）面积要求

各类羊只所需羊舍面积，取决于羊的品种、性别、年龄、生理状态、数量、气候条件和饲养方式。一般以冬季防寒、夏季防暑、防潮、通风和便于管理为原则。

羊舍应有足够的面积，使羊在舍内不感到拥挤，可以自由活动。羊舍面积过大，既浪费土地，又浪费建筑材料；面积过小，舍内拥挤潮湿、空气污染严重有碍于羊体健康，管理不便，生产效率不高。

各类羊只羊舍所需面积，见表4-1。

表4-1　各类羊舍所需面积

羊　别	面积（米^2/只）	羊　别	面积（米^2/只）
单饲公羊	4.0～6.0	育成母羊	0.7～0.8
群饲公羊	1.5～2.0	去势羔羊	0.6～0.8
春季产羔母羊	1.2～1.4	3～4月龄羔羊	0.3～0.4
冬季产羔母羊	1.6～2.0	育肥羯羊、淘汰羊	0.7～0.8
育成公羊	1～1.5	—	—

农区多为传统的公、母、大、小混群饲养，其平均占地面积应为0.8～1.2米^2。产羔室可按基础母羊数的20％～25％计算

面积。运动场面积一般为羊舍面积的 2～2.5 倍。成年羊运动场面积可按 4 米²/ 只计算。

在产羔舍内附设产房，产房内有取暖设备，必要时可以加温，使产房保持一定的温度。产房面积根据母羊群的大小决定，在冬季产羔的情况下，一般可占羊舍面积的 25% 左右。

（三）高度要求

羊舍高度要依据羊群大小、羊舍类型及当地气候特点而定。羊数越多，羊舍可越高些，以保证足量的空气，但过高则保温不良，建筑费用也高，一般高度为 2.5 米，双坡式羊舍净高（地面至天棚的高度）不低于 2 米。单坡式羊舍前墙高度不低于 2.5 米，后墙高度不低于 1.8 米。南方地区的羊舍防暑防潮重于防寒，羊舍高度应适当增加（图 4-5）。

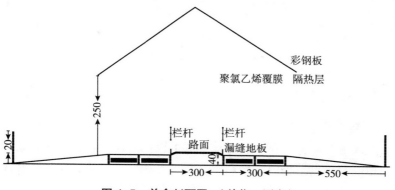

图 4-5　羊舍剖面图　（单位：厘米）

（四）通风采光要求

一般羊舍冬季温度保持在 0℃ 以上，羔羊舍温度不超过 8℃，产羔室温度在 8～10℃ 比较适宜。由于绵羊有厚而密的被毛，耐寒能力较强，所以舍内温度不应过高。山羊舍内温度应高于绵羊舍内温度。为了保持羊舍干燥和空气新鲜，必须有良好的通气设备。羊舍的通气装置，既要保证有足够的新鲜空气，又能避免贼风。可以在屋顶上设通气孔，孔上有活门，必要时可以关闭。在安设通气装置时要考虑每只羊每小时需要 3～4 米^3 的新鲜空气，对南方羊舍夏季的通风要求要特别注意，以降低舍内的高温。

　　羊舍内应有足够的光线，以保证舍内卫生。窗户面积一般占地面面积的 1/15，冬季阳光可以照射到舍内，既能消毒，又能增加舍内温度；夏季敞开，增大通风面积，降低舍温。在农区，绵羊舍主要注重通风，山羊舍要兼顾保温（图 4-6）。

图 4-6　羊舍的通风采光

（五）造价要求

　　羊舍的建筑材料以就地取材、经济耐用为原则。土坯、石头、砖瓦、木材、芦苇、树枝等都可以作为建筑材料。在有条件的地区及重点羊场内应利用砖、石、水泥、木材等修建一些坚固的永久性羊舍，这样可以减少维修的劳力和费用。

（六）内外高差

　　羊舍内地面标高应高于舍外地面标高 0.2～0.4 米，并与场区道路标高相协调。场区道路设计标高应略高于场外路面标高。场区地面标高除应防止场地被淹外，还应与场外标高相协调。场区地形复杂或坡度较大时，应做台阶式设置，每个台阶高度应能满足行车坡度要求。

四、肉羊舍类型

羊舍形式按其封闭程度可分为开放舍、半开放舍和密闭舍。从屋顶结构来分：有单坡式、双坡式及圆拱式。从平面结构来分：有长方形、正方形及半圆形。从建筑用材来分：有砖木结构、土木结构及敞篷围栏结构等。

单坡式羊舍的跨度小，自然采光好，适用于小规模羊群和简易羊舍选用；双坡式羊舍跨度大，保暖能力强，但自然采光、通风差，适合于寒冷地区采用，是最常用的一种类型。在寒冷地区，还可选用拱式、双折式、平屋顶等类型；天气炎热地区可选用钟楼式羊舍。

在选择羊舍类型时，应根据不同类型羊舍的特点，结合当地的气候特点、经济状况及建筑习惯全面考虑，选择适合本地、本场实际情况的羊舍形式。

五、肉羊舍的布局

羊舍修建宜坐北朝南，东西走向。羊场布局以产房为中心，周围依次为羔羊舍、青年羊舍、母羊舍与带仔母羊舍。公羊舍建在母羊舍与青年母羊舍之间，羊舍与羊舍相距保持15米，中间种植树木或草。隔离病房建在远离其他羊舍地势较低的下风向。羊场内清洁通道与排污通道分设。办公区与生产区隔开，其他设施则以方便防疫，方便操作为宜。

（一）羊舍的排列

1. 单列式
单列式布局使场区的净、污道路分工明确，但会使道路和工

3. 多列式

多列式布局在一些大型羊场使用，此种布局方式应重点解决场区道路的净、污分道，避免因线路交叉而引起互相污染（图4-9）。

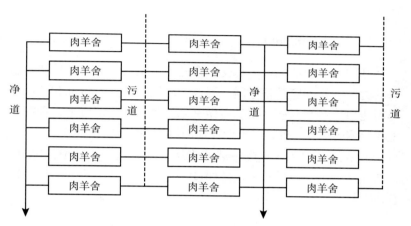

图 4-9　多列式羊舍

（二）羊舍朝向

羊舍朝向的选择与当地的地理纬度、地段环境、局部气候特点及建筑用地条件等因素有关。适宜的朝向一方面可以合理地利用太阳辐射热，避免夏季过多的热量进入舍内，而冬季则可最大限度地使太阳辐射热进入舍内以提高舍温；另一方面，可以合理利用主导风向，改善通风条件，以获得良好的羊舍环境。

羊舍要充分利用场区原有的地形、地势，在保证建筑物具有合理的朝向，满足采光、通风要求的前提下，尽量使建筑物长轴沿场区等高线设置，以最大限度减少土石方工程量和基础工程费用。生产区羊舍朝向一般应以其长轴南向，或南偏东或偏西40°以内为宜。

六、肉羊舍基本构造

羊舍的基本构造包括：基础、地基、地面、墙、门窗、屋顶和运动场。

（一）基础和地基

基础是羊舍地面以下承受羊舍的各种负载，并将其传递给地基的构件。基础应具备坚固、耐久、防潮、防震、抗冻和抗机械作用能力。在北方通常用毛石做基础，埋在冻土层以下，埋深厚度30～40厘米，防潮层应设在地面以下60毫米处。

地基是基础下面承受负载的土层，有天然、人工地基之分。天然地基的土层应具备一定的厚度和足够的承重能力，沙砾、碎石及不易受地下水冲刷的沙质土层是良好的天然地基。

（二）地　面

地面是羊躺卧休息、排泄和生产的地方，是羊舍建筑中重要的组成部分，对羊只的健康有直接的影响。通常情况下羊舍地面要高出舍外地面20厘米以上。由于我国南方和北方气候差异很大，地面的选材必须因地制宜就地取材。羊舍地面有以下几种类型。

1. 土质地面

属于暖地面（软地面）类型。土质地面柔软，富有弹性也不光滑，易于保温，造价低廉。缺点是不够坚固，容易出现小坑，不便于清扫消毒，易形成潮湿的环境。只能在干燥地区采用。用土质地面时，可混入石灰增强黄土的黏固性，粉状石灰和松散的粉土按3∶7或4∶6的体积比加适量水拌合而成灰土地面。也可用石灰∶黏土∶碎石、碎砖或矿渣＝1∶2∶4或1∶3∶6拌制成三合土。一般石灰用量为石灰土总重的6%～12%，石灰含量越大，强度和耐水性越高。

2. 砖砌地面

属于冷地面（硬地面）类型。因砖的孔隙较多，导热性小，具有一定的保温性能。成年母羊舍粪尿相混的污水较多，容易造成不良环境，又由于砖砌地面易吸收大量水分，破坏其本身的导热性，地面易变冷变硬。砖地吸水后，经冻后易破碎，加上本身易磨损的特点，容易形成坑穴，不便于清扫消毒。所以，用砖砌地面时，砖宜立砌，不宜平铺。

3. 水泥地面

属于硬地面。其优点是结实、不透水、便于清扫消毒。缺点是造价高，地面太硬，导热性强，保温性差。为防止地面湿滑，可将表面做成麻面。水泥地面的羊舍内最好设木床，供羊休息、宿卧。

4. 漏缝地板

漏缝地板能给羊提供干燥的卧地，集约化羊场和种羊场可用漏缝地板。国外典型漏缝地板羊舍，为封闭双坡式，跨度为6米，地面漏缝木条宽50毫米，厚25毫米，缝隙22毫米。双列饲槽通道宽50厘米，可为产羔母羊提供相当适宜的环境条件。我国有的地区采用活动的漏缝木条地板，以便于清扫粪便。木条宽32毫米，厚36毫米，缝隙宽15毫米。或者用厚38毫米、宽60～80毫米的水泥条筑成，间距为15～20毫米。漏缝或镀锌钢丝网眼应小于羊蹄面积，以便于清除羊粪而羊蹄不至于掉下为宜。漏缝地板羊舍需配以污水处理设备，造价较高。国外大型羊场和我国南方一些羊场已普遍采用。这类羊舍为了防潮，可隔日抛撒木屑，同时应及时清理粪便，以免污染舍内空气。

在我国南方天气较热、潮湿地区，采用吊楼式羊舍，羊舍高出地面1～2米，吊楼上为羊舍，下为承粪斜坡，后与粪池相接，楼面为木条漏缝地面。这种羊舍的特点是离地面有一定高度，防潮，通风透气性好，结构简单。通常情况下饲料间、人工授精室、产房可用水泥或砖铺地面，以便消毒。

5. 自动清粪地面装置

全自动清粪羊舍改变了传统的人工清粪模式，羊舍既卫生有利于羊的健康，又节约了劳动力，减少生产成本。全自动清粪羊舍是现代标准化羊养殖的典范（图4-10至图4-12）。

图4-10　羊舍自动清粪地面装置

图4-11　水泥漏缝地板　　　　图4-12　羊舍自动刮粪机

（三）墙

墙是基础以上露出地面将羊舍与外部隔开的外围结构，对羊舍保温起着重要作用。我国多采用土墙、砖墙和石墙等。土墙造价低，导热小，保温好，但易湿不易消毒，小规模简易羊舍可采用。砖墙是最常用的一种，其厚度有半砖墙、一砖墙、一砖半墙等，墙越厚保暖性能越强。石墙，坚固耐久，但导热性大，寒冷地区效果差。国外采用金属铝板、胶合板、玻璃纤维材料建成保温隔热墙，效果很好。

墙要坚固保暖。在北方墙厚为24～37厘米，单坡式羊舍后墙高度约1.8米，前高2.2米。南方羊舍可适当提高高度，以利于防潮防暑。一般农户饲养量较少时，圈舍高度可略低些，但不得低于2米。地面应高出舍外地面20～30厘米，铺成斜垮台以利排水。

墙壁根据经济条件决定用料，全部砖木结构或土木结构均可。无论哪种结构都要坚固耐用。潮湿和多雨地区可采用墙基和边角用石头，砖垒一定高度，上边用土坯或打土墙建成。木材紧缺地区也可用砖建拱顶羊舍，既经济又实用。

（四）门 窗

羊舍门、窗的设置既要有利于舍内通风干燥，又要保证舍内有足够的光照，要使舍内硫化氢、氨气、二氧化碳等气体尽快排出，同时地面还要便于积粪出圈。羊舍窗户的面积一般占地面面积的1/15，距地面的高度一般在1.5米以上。门宽度为2.5～3米，羊群小时，宽度为2～2.5米，高度为2米。运动场与羊床连接的小门，宽度为0.5～0.8米，高度为1.2米。

（五）屋 顶

屋顶具有防雨水和保温隔热的作用。要求选用隔热保温性好的材料，并有一定厚度，结构简单，经久耐用，保温隔热性能良好，防雨、防火，便于清扫消毒。其材料有陶瓦、石棉瓦、木板、塑料薄膜、稻（麦）草、油毡等，也可采用彩色钢板和聚苯乙烯夹心板等新型材料。在寒冷地区可加天棚，其上可贮冬草，能增强羊舍保温性能。棚式羊舍多用木椽、芦席，半封闭式羊舍屋顶多用水泥板或木椽、油毡等。羊舍净高（地面至天棚的高度）2～2.4米。在寒冷地区可适当降低净高。羊舍屋顶形式有单坡式、双坡式等，其中以双坡式最为常见。单坡式羊舍，一般前高 2.2～2.5 米，后高 1.7～2 米，屋顶斜面呈 45°左右。

（六）运 动 场

运动场是舍饲或半舍饲规模羊场必需的基础设施。一般运动场面积应为羊舍面积的 2～2.5 倍，成年羊运动场面积可按 4 米^2/只计算。其位置排列根据羊舍建筑的位置和大小可位于羊舍的侧面或背面，但规模较大的羊舍宜建在羊舍的两个背面，低于羊舍地面 60 厘米以下，地面以沙质土壤为宜，也可采用三合土或者砖地面，便于排水和保持干燥。运动场周边可用木板、木棒、竹子、石板、砖等做围栏，高 2～2.5 米。中间可隔成多个小运动场，便于分群管理。周边应有排水沟，保持干燥和便于清扫。并有遮阳棚或者绿植，以抵挡夏季烈日（图 4-13）。

图 4-13　羊舍的运动场

七、肉羊场基础设施的建设原则

场址选定之后，就要根据羊场的近期和长远规划，场内地形、水源、主风向等自然条件，合理安排场内的全部建筑物，做到土地利用经济，联系方便，布局整齐紧凑，尽量缩短物资供应距离。羊场的建设应采取节约、高效的原则，按彼此间的功能联系统筹安排，做到配置少而紧凑，达到卫生、安全的生产要求；以最短的运输、供电、供水线路，便于流水线作业，实现生产过程的专业化和有序性。

（一）因地制宜

因地制宜是指羊场的规划、设计及建筑物的营造绝对不可简单模仿，应根据当地的气候、场址的形状、地形地貌、小气候、土质及周边实际情况进行规划和设计。例如，平地建场，必须搭棚盖房。而在沟壑地带建场，挖洞筑窑作为羊舍及用房将更加经济实用。

（二）实用经济

实用经济是指建场修圈不仅必须能够适应集约化、程序化肉羊生产工艺流程的需要和要求，而且投资还必须要少。也就是说，该建的一定要建，并且必须建好，与生产无关的绝对不建，绝不追求奢华。因为肉羊生产毕竟仅是一种低附加值的产业，任何原因造成的生产经营成本的增加，要以微薄的盈利来补偿都是不易的。

（三）急需先建、逐步完善

是指羊场的选址、规划、设计全都搞好以后，一般不可从一开始就全面开花，等把全部场舍都建设齐全以后再开始养羊。相反，应当根据经济能力办事，先根据达到能够盈利规模的需要进行建设，并使羊群尽快达到这一规模。

由于一个羊场，特别是大型羊场，基本设施的建设一般都是分期分批进行的，像母羊舍、配种室、妊娠母羊舍、产房、带仔母羊舍、种公羊舍、隔离羊舍、兽医室等设计、要求、功能各不相同的设施，绝对不可一下都修建齐全后才开始养羊。在这种情况下为使功能问题不至于影响生产，若为复合式经营，可先建一些功能比较齐全的带仔母羊舍以代别的羊舍之用。至于办公用房、产房、配种室、种公羊圈，可在某栋带仔母羊舍某一适当的位置留出一定的间数，暂改他用，以备生产之急需。等别的专用羊舍、建筑建好腾出来以后，再把这些临时占用的带仔母羊舍逐渐恢复起来，用于饲养带仔母羊。

八、防护设施

防护设施包括防止场外人员及其他动物进入场区的围墙，隔离场区与外界环境（防疫）的隔离带，以及场门，各生产区之间的隔离带和出入口。

（一）主要隔离设施

没有良好的隔离消毒设施就难以保证有效的隔离和卫生，设置隔离消毒设施会加大投入，但减少疾病发生带来的收益将是长期的，要远远超过投入。隔离消毒设施主要如下。

1. 隔离墙（或防疫沟）

肉羊场场区应以围墙和防疫沟与外界隔离，周围设绿化隔离带。围墙距一般建筑物的间距不应小于 3.5 米，围墙距肉羊舍的间距不应小于 6 米。规模较大的肉羊场，四周应建较高的围墙（2.5～3 米）或较深的防疫沟（1.5～2 米），以防止场外人员及其他动物进入场区。为了更有效地切断外界的污染因素，必要时可往沟内放水。但这种防疫沟造价较高，也很费工。靠墙绿化隔离带宽度一般不应小于 1 米，绿色植物高度不应低于 1 米，否则起不到应有的隔离作用。应该指出，用刺网隔离是不能达到安全目的的，最好采用密封墙，以防止野生动物侵入。

2. 消毒池和消毒室

肉羊场大门设置消毒池和消毒室（或淋浴消毒室），供进入人员、设备和用具的消毒。生产区中每栋建筑物门前要有消毒池。

在肉羊场大门及各区域、肉羊舍的入口处，应设相应的消毒设施。场区大门口可设置长 4 米、宽 3 米、深 0.2 米的车辆消毒池；工作人员进入场区时要通过 S 形消毒通道，消毒通道内装设紫外线杀菌灯，消毒 3～5 分钟。地面上设置脚踏消毒槽或消毒湿垫，用氢氧化钠溶液消毒。消毒通道末端设置喷雾消毒室、更衣换鞋间等。对肉羊场的一切卫生防护设施，必须建立严格的检查制度，予以保证，否则会流于形式（图 4-14）。

图 4-14　场区门口消毒池

　　生产区与生活管理区和辅助生产区应设置围墙或树篱严格分开，树篱带的宽度一般在 5 米左右。在生产区入口处设置第二次更衣消毒室和车辆消毒设施。工作人员从管理区进入生产区要通过更衣消毒室，运送饲料车辆进入生产区要经过车辆消毒池，此处的车辆消毒池长为 3～3.5 米、宽 2～2.5 米、深 0.2 米，内装氢氧化钠溶液消毒液。这些设施一端的出入口开在生活管理区内，另一端的出入口开在生产区内。在场内各区域间，设较小的防疫沟或围墙，或结合绿化培植隔离林带。有防疫沟时，一般 1 米深、1.5～2 米宽；设置绿化隔离带时，绿化隔离带宽最少为 1 米，绿植高度最小为 1 米；有围墙时，围墙高在 1.5～2 米之间，并应使它们之间留有 100～200 米卫生防疫距离（图 4-15、图 4-16）。

图 4-15　生产区门口消毒室

图 4-16　生产区门
口消毒室

3. 水井或水塔

有条件的肉羊场要自建水井或水塔、用管道接送到羊舍。

4. 封闭性饲料库和饲料塔

封闭性饲料库设在生活区、生产区交界处，两面开门，墙上部有小通风窗；场内最好设置中心料塔和分料塔，中心料塔在生活区、生产区交界处；分料塔在各栋羊舍旁边。料罐车将饲料直接打入中心塔，生产区内的料罐车再将中心塔的饲料转运到各分料塔（图 4-17、图 4-18）。

图 4-17　饲　料　库

图 4-18　地　磅

5. 卫 生 间

为减少人员之间的交叉活动、保证环境的卫生和为饲养员创造比较好的生活条件，在每个小区或者每栋羊舍都设有卫生间。每栋羊舍工作间的一角建一个 1.5～2 米的冲水厕所，用隔断墙隔开。

（二）隔离制度

制定切实可行的卫生防疫制度，使肉羊场的每个员工心中有数，严格按照制度进行操作，保证卫生防疫和消毒工作落到实处，不走过场至关重要。卫生防疫制度主要应该包括如下内容。

①肉羊场生产区和生活区分开，入口处设消毒池，设置专门的隔离舍和兽医室。肉羊场周围要有防疫墙或防疫沟，只设置 1 个大门入口，控制人员和车辆物品进入。设置人员消毒室，人员消毒室设置淋浴装置、熏蒸衣柜和场区工作服。

②进入生产区的人员必须淋浴，换上清洁消毒好的工作衣帽和靴后方可入内，工作服不准穿出生产区，并定期更换清洗消毒；进入的设备、用具和车辆也要消毒，消毒池的药液 2～3 天更换 1 次。

③生产区不准养猫、养狗，职工不得将宠物带入场内。

④对于死亡畜禽的检查，包括剖检等工作，必须在兽医诊疗室内进行，或在距离水源较远的地方检查，不准在兽医诊疗室以外的地方解剖尸体。剖检后的尸体及死亡的畜禽尸体应深埋或焚烧。在兽医诊疗室解剖尸体要做好隔离消毒。

⑤坚持自繁自养的原则。若确实需要引种，必须隔离 45 天，确认无病，并接种疫苗后方可调入生产区。

⑥做好羊舍和场区的环境卫生工作，定期进行清洁消毒。长年定期灭鼠，及时消灭蚊蝇，以防疾病传播。

⑦当某种疾病在本地区或本场流行时，要及时采取相应的防治措施，并要按规定上报主管部门，采取隔离、封锁措施。做好

发病时羊只隔离、检疫和治疗工作，控制疫病范围，做好病后的净群消毒等工作。

⑧本场外出的人员和车辆必须经过全面消毒后方可回场。运送饲料的包装袋，回收后必须经过消毒，方可再利用，以防止污染饲料。

⑨做好疫病的接种免疫工作。卫生防疫制度应该涵盖较多方面工作，如隔离卫生工作，消毒工作和免疫接种工作，所以制定的卫生防疫制度要根据本场的实际情况尽可能地全面、系统，容易执行和操作，做好管理和监督，保证一丝不苟地贯彻落实。

九、其他设施

（一）道路建设

场区道路要求在各种气候条件下能保证通车，防止扬尘。肉羊场道路包括与外部联系的场外主干道和场区内部道路。场外主干道担负着全场的货物、产品和人员的运输，其路面最小宽度应能保证两辆中型运输车辆的顺利错车，一般为6～7米。场内道路的功能不仅是运输，同时也具有卫生防疫作用，因此道路规划设计要满足分流与分工、联系简捷、路面质量、路面宽度、绿化防疫等要求。

1. 道路分类

按功能分为人员出入、运输饲料用的清洁道（净道）和运输粪污、病死畜禽的污物道（污道），有些场还设供畜禽转群和装车外运的专用通道。按道路担负的作用分为主要道路和次要道路。

2. 道路设计标准

净道一般是场区的主干道，路面最小宽度要保证饲料运输车辆的通行，宽3.5～6米，宜用水泥混凝土路面，也可选用整齐石块或条石路面，路面横坡 1%～1.5%，纵坡 0.3%～8%。污道宽 3～3.5 米，路面宜用水泥混凝土路面，也可用碎石、砾石、石灰渣土路面，路面横坡为 2%～4%，纵坡 0.3%～8%。与肉羊舍、饲料库、产品库、兽医建筑物、贮粪场等连接的次要干道，宽度一般为 2～3.5 米。

3. 道路规划设计

首先要求净污分开与分流明确，尽可能互不交叉，兽医室和隔离舍须有单独的道路；其次要求路线简捷，以保证牧场各生产环节最方便的联系；三是路面质量好，要求坚实、排水良好，以沙石路面和混凝土路面为佳，保证晴雨通车和防尘；道路的设置应不妨碍场内排水，路两侧也应有排水沟、绿化。道路一般与建筑物长轴平行或垂直布置，在无出入口时，道路与建筑物外墙应保持 1.5 米的最小距离；有出入口时则为 3 米。

（二）给排水管道建设

1. 给水工程

（1）给水系统 由取水、净水、输配水三部分组成，包括水源、水处理设施与设备、输水管道、配水管道。大部分肉羊场的建设位置均远离城镇，不能利用城镇给水系统，所以都需要独立的水源，一般是自己打井和建设水泵房、水处理车间、水塔、输配水管道等。

（2）用水量估算 肉羊场用水包括生活用水、生产用水及消防和灌溉等其他用水。

①生活用水 指平均每一职工每日所消耗的水，包括饮用、洗衣、洗澡及卫生用水，其水质要求较高，要满足人的各项标准。用水量因生活水平、卫生设备、季节与气候等而不同，一般可按每人每日 40～60 升计算。

②生产用水 包括羊只饮用、饲料调制、羊体清洁、饲槽与用具刷洗、肉羊舍清扫等所消耗的水。圈养状态下每头成年绵羊

每日需水量为 10 升，羔羊为 3 升。放牧状态下平均每只羊的日耗水量为 3～8 升。肉羊圈舍很少用高压水冲洗粪便，一般都是干清粪，耗水量很少。

③其他用水　其他用水包括消防、灌溉、不可预见等用水。消防用水是一种突发用水，可利用肉羊场内外的江河湖塘等水面，也可停止其他用水，保证消防。绿地灌溉用水可以利用经过处理后的污水，在管道计算时也可不考虑。不可预见用水包括给水系统损失、新建项目用水等，可按总用水量的 10%～15%考虑。

④总水量估算　总用水量为上述用水量总和，但用水量并非是均衡的，在每个季度、每日的各个时间内都有变化。夏季用水量远比冬季多；上班后清洁肉羊舍与羊体时用水量骤增，夜间用水量很少。因此，为了充分地保证用水，在计算肉羊场用水量及设计给水设施时，必须按单位时间内最大用水量来计算。

（3）**水质标准**　水质标准中目前尚无畜用标准，可以按人的饮用水卫生标准（GB 5749—85）执行。

（4）**管网布置**　因规模较小，肉羊场管网布置可以采用树枝状管网。干管布置方向应与给水的主要方向一致，以最短距离向用水量最大的肉羊舍供水；管线长度尽量短，减少造价；管线布置时充分利用地形，利用重力自流；管网尽量沿道路布置。

2. 排水工程

（1）**排水系统组成**　排水系统应由排水管网、污水处理站、出水口组成。肉羊场的粪污量大而极容易对周边环境造成污染，因此肉羊场的粪污无害化处理与资源化利用是一项关系着全场经济、社会、生态效益的关键工程，粪污处理与利用另有专项工程论述，此处的排水工程仅指排水量的估算、排水方式选择与排水管网布置（图 4-19）。

（2）**排水分类**　包括雨雪水、生活污水、生产污水（羊只粪污和清洗废水）。

（3）**排水量估算**　雨水量估算根据当地降雨强度、汇水面

图 4-19　排水系统

积、径流系数计算，具体参见城乡规划中的排水工程估算法。肉羊场的生活污水主要来自职工的食堂和浴厕，其流量不大，一般不需计算，管道可采用最小管径 150～200 毫米。肉羊场最大的污水量是生产过程中的生产污水，生产污水量因饲养畜禽种类、饲养工艺与模式、生产管理水平、地区气候条件等差异而不同；其估算是以在不同饲养工艺模式下，单位规模的畜禽饲养量在一个生长生产周期内所产生的各种生产污水量为基础定额，乘以饲养规模和生产批数，再考虑地区气候因素加以调整。

（4）排水方式　肉羊场排水方式分为分流与合流两种。肉羊场的粪污需要专门的设施、设备与工艺来处理与利用，投资大、负担重，因此应尽量减少粪污产生与排放。在源头上主要采用干清粪等工艺，而在排放过程中应采用分流排放方式，即雨水和生产、生活污水分别采用两个独立系统。生产与生活污水采用暗埋管渠，将污水集中排到场区的粪污处理站；专设雨水排水管渠，不要将雨水排入需要专门处理的粪污系统中。

（5）排水管渠布置　场区实行雨污分流的原则，对场区自然降水可采用有组织的排水。对场区污水应采用暗管排放，集中处理，符合 GB 18596 的规定。

场内排水系统，多设置在各种道路的两旁及肉羊运动场的周边。采用斜坡式排水管沟，以尽量减少污物积存及被人畜损坏。为了整个场区的环境卫生和防疫需要，生产污水一般应采用暗埋管沟排放。暗埋管沟排水系统如果超过 200 米，中间应增设沉淀井，以免污物淤塞，影响排水。沉淀井不应设在运动场中或交通频繁的干道附近。沉淀井距供水水源至少应有 200 米以上的间距。暗埋管沟应埋在冻土层以下，以免因受冻而阻塞。雨水中也有些场地中的零星粪污，有条件的也宜采用暗埋管沟，如采用方形明沟，其最深处不应超过 30 厘米，沟底应有 1%～2% 的坡度，上口宽 30～60 厘米。

给水和排水管道施工主要是按照设计要求，把图纸的设计意图在场区实地上标示出来，这就要求在施工前先对场区进行测量，然后进行排水明沟的开挖，以及排水暗沟渠的建设；同时进行建设的还有与之相关的附属构筑物。

（三）绿　化

搞好肉羊场绿化，不仅可以调节小气候、减小噪声、净化空气、起到防疫和防火等作用，而且可以美化环境。绿化应根据本地区气候、土壤和环境功能等条件，选择适合当地生长的、对人畜无害的花草树木进行场区绿化。

场区绿化率不低于 30%，绿化的主要地段是：生活管理区应具有观赏和美化效果；场内卫生防疫隔离用地及粪便污水处理设施周围应布置绿化隔离带；场区全年主风向的上风侧围墙一侧或两侧应种植防风林带，围墙的其他部分种植绿化隔离带。

树木与建筑物外墙、围墙、道路边缘及排水明沟边缘的最小距离不应小于 1 米。

1. 绿化带（防疫、隔离、景观）

周边种植乔木和灌木混合林带，特别是场界的北、西侧，应加宽这种混合林带（宽度达 10 米以上，一般至少应种 5 行），以起到防风阻沙的作用。场区隔离林带主要用以分隔场内各区及防火，如在生产区、住宅及生产管理区的四周都应有这种隔离林带。中间种乔木，两侧种以灌木（种植 2～3 行，总宽度为 3～5 米）（图 4-20）。

图 4-20　隔离绿化带

2. 绿 化

内外道路两旁，一般种 1～2 行树冠整齐的乔木或亚乔木，在靠近建筑物的采光地段，不应种植枝叶过密、过于高大的树种，以免影响肉羊舍的自然采光。最好采用常青树种。

3. 运 动 场

运动场的南及西侧，应设 1～2 行遮阴林。一般可选枝叶开阔、生长势强、冬季落叶后枝条稀少的树种，如北京杨、加拿大杨、辽杨、槐、枫等。也可利用爬墙虎或葡萄树来达到同样目的。运动场内种植遮阴树时，可选用枝条开阔的果树类，以增加遮阴、观赏及经济价值，但必须采取保护措施，以防羊损坏（图 4-21）。

图 4-21　运动场遮阳林

（四）粪污处理

设计或运行一个畜禽场粪污处理系统，必须对粪便的性质，粪便的收集、转移、贮存及施肥等方面的问题加以全面的分析研究。规划时，应视不同地区的气象条件及土壤类型、管理水平等进行不同的设计，以便使粪污处理工程能发挥最佳的工作效果（图 4-22）。

图 4-22　堆 粪 棚

1. 粪污处理量的估算

粪污处理工程除了满足处理各种家畜每日粪便排泄量外，还需将全场的污水排放量一并加以考虑。肉羊大致的粪尿产量见下表。按照目前城镇居民污水排放量一般与用水量一致的计算方法，肉羊场污水量估算也可按此法进行（表4-2）。

表4-2　肉羊粪尿排泄量　（原始量）

饲养期（天）	每只日排泄量（千克）			每只饲养期排泄量（吨）		
	粪　量	尿　量	合　计	粪　量	尿　量	合　计
365	2.0	0.66	2.66	0.73	0.24	0.97

2. 粪污处理工程规划的内容

处理工程设施是现代集约化肉羊场建设必不可少的项目，从建场伊始就要统筹考虑。其规划设计依据是粪污处理与综合利用工艺设计，其前项工程联系的是肉羊场的排水工程，一般应综合考虑。粪污处理工程设施因处理工艺、投资、环境要求的不同而差异较大，实际工作中应根据环境要求、投资额度、地理与气候条件等因素先进行工艺设计。

一般其主要的规划内容应包括：粪污收集（即清粪）、粪污运输（管道和车辆）、粪污处理场的选址及其占地规模的确定、处理场的平面布局、粪污处理设备选型与配套、粪污处理工程构筑物（池、坑、塘、井、泵站等）的形式与建设规模。规划原则是：首先考虑其作为农田肥料的原料；充分考虑劳动力资源丰富的国情，不要一味追求全部机械化；选址时避免对周围环境的污染；还要充分考虑肉羊场所处的地理与气候条件，严寒地区的堆粪时间长，场地要较大，且收集设施与输送管道要防冻。

（五）采暖工程

1. 基本要求

肉羊场的采暖工程要保证肉羊生产需要和工作人员的办公和

生活需要，是羊从出生到成年，不同生长发育阶段的供暖保证。

2. 采暖系统

采暖系统分为集中供暖系统、分散供暖系统和局部供暖系统。集中供暖系统一般以热水为热媒，由集中锅炉房、热水输送管道、散热设备组成，全场形成一个完整的系统。分散供暖系统是指每个需要采暖的建筑或设施自行设置供暖设备，如热风炉、空气加热器和暖风机。集中供暖能保证全场供暖均衡、安全和方便管理，但一次性投资太大，适于大型肉羊场。分散供暖系统投资较小，可以与冬季肉羊舍通风相结合，便于调节和自动控制；缺点是采暖系统停止工作后余热小，使舍温降低较快，中小型肉羊场可采用。

3. 采暖负荷

不同的生长阶段采暖，工作人员的办公与生活空间采暖与普通民用建筑采暖相同。由此估算全场的采暖负荷。

（六）电力电讯工程

1. 基本要求

经济、方便、清洁，电力工程是肉羊场不可缺少的基础设施，同时随着经济和技术的发展，信息在经济与社会各领域中的作用越来越重要，电讯工程也成为现代肉羊场的必需设施。电力与电讯工程规划就是需要经济、安全、稳定、可靠的供配电系统和快捷、顺畅的通讯系统，保证肉羊场正常生产运营和与外界市场的紧密联系。

2. 供电系统

肉羊场的供电系统由电源、输电线路、配电线路、用电设备构成。规划主要内容包括用电负荷估算、电源与电压选择、变配电所的容量与设置、输配电线路布置（图 4-23）。

图 4-23　变 压 器

3. 用 电 量

肉羊场用电负荷包括办公、职工宿舍、食堂等辅助建筑和场区照明等，以及饲料加工、清粪、挤奶、给排水、粪污处理等生产用电。照明用电量根据各类建筑照明用电定额和建筑面积计算，用电定额与普通民用建筑相同；生活电器用电根据电器设备额定容量之和，并考虑同时系数求得。生产用电根据生产中所使用的电力设备的额定容量之和，并考虑同时系数、需用系数求得。在规划初期可以根据已建的同类肉羊场的用电情况来类比估算。

4. 电源和电压及变配电所的设置

肉羊场应尽量利用周围已有的电源，若没有可利用的电源，需要远距离引入或自建。为了确保肉羊场的用电安全，一般场内还需要自备发电机，防止外界电源中断使肉羊场遭受巨大损失。肉羊场的使用电压一般为 220 伏 /380 伏，变电所或变压器的位置应尽量居于用电负荷中心，最大服务半径要小于 500 米。

5. 电 讯

工程规划是根据生产与经营需要配置电话、电视和网络。

第五章

肉羊场的管理

　　管理是养好羊的基础，饲养管理不仅要强调饲养，更注重管理，尤其是羊场规章制度，操作规程，档案管理等；而且，规章制度一定要为羊的饲养管理服务，不是给外人参观而制定的。

一、肉羊场制度建设

　　现代化的管理模式是肉羊产业发展的必备条件。羊场制度是羊场成功经营的前提。各个羊场应根据自己的实际情况建立完善的制度。

（一）文化管理

　　企业文化是一种观念形态的价值观，是企业长期形成的稳定的文化观念和历史传统以及特有的经营精神和风格，包括一个企业独特的指导思想、发展战略、经营理念、价值观念、道德规范、风俗习惯等。简单来说，就是企业的各项规章制度，要根据各企业自身的特点来制定，既要对企业有利，也要考虑到员工的利益，实现双赢。但企业文化的关键是要坚持，坚持再坚持，如果不坚持，也无从谈及效果。

　　现代企业的竞争就是人才的竞争。如何有效利用人才，提高生产效率，是企业管理工作的重中之重。在企业管理中有一个经典的法则：

$$1.1 \times 1.1 \times 1.1 \times 1.1 \times 1.1 \times \cdots\cdots = \infty$$
$$0.9 \times 0.9 \times 0.9 \times 0.9 \times 0.9 \times \cdots\cdots = 0$$

一个成功企业的发展离不开企业文化，羊场也是如此。

企业文化是植根于企业全体员工中的价值观、道德规范、行为规范、企业作风及企业的宗旨等。如果说各种规章制度、服务守则等是规范员工行为的"有形准则"，企业文化则作为一种"无形准则"存在于员工的意识中，如同我们的社会道德一样培育着员工的精神。企业文化对企业的生存和发展有着不可替代的重要作用。一个企业的所有动力及凝聚力不是来自资源和技术，而是企业文化。

（二）生产指标绩效管理

建立完善生产激励机制，对生产一线员工进行生产指标绩效管理。规模化羊场最适合的绩效考核奖罚方案应是以每栋羊舍为单位的生产指标绩效工资方案。由于员工之间的工作是紧密相关的，有时是不可分离的，因而承包到人的方法不可取。所以，对他们也不适合搞利润指标承包，只适合搞生产指标奖罚。生产指标绩效工资方案就是在基本工资的基础上增加一个浮动工资，即生产指标绩效工资。生产指标也不要过多、过细，以免造成结算困难，也突出不了重点。

（三）组织架构、岗位定编及责任分工

羊场组织架构要精干明了，岗位定编也要科学合理。一般来说，一个 10 000 只规模育肥羊场定编 12 人。责任分工以层层管理、分工明确、场长负责制为原则。具体工作专人负责，既有分工，又有合作，下级服从上级；重点工作协作进行，重要事情通过场领导班子研究解决。我们要求每个岗位、每个员工都有明确的岗位职责。

（四）生产例会与技术培训

为了定期检查、总结生产中存在的问题，及时研究出解决方案；为了有计划地布置下一阶段的工作，使生产有条不紊地进行；为了提高饲养人员、管理人员的技术素质，进而提高全场生产的管理水平，要制定并严格执行周生产例会和技术培训制度。

（五）制度化管理

羊场的日常管理工作要制度化，要让制度管人，而不是人管人。要建立健全羊场各项规章制度，如员工守则及奖罚条例、员工休请假考勤制度、会计出纳电子计算机管理员岗位责任制度、水电维修工岗位责任制度、机动车司机岗位责任制度、保安员门卫岗位责任制度、仓库管理员岗位责任制度、食堂管理制度、消毒更衣房管理制度等。

1. 肉羊生产定额管理

重视肉羊场生产中管理制度和生产责任制。肉羊种羊和各个阶段肉羊的饲养管理操作规程、人工授精操作规程、饲料加工操作规程、防疫卫生操作规程等。

2. 肉羊场的生产计划

为了提高效益，减少浪费，各肉羊场均应有生产计划。肉羊场生产计划主要包括：肉羊周转计划、配种产羔计划、育肥计划和饲料生产和饲喂计划等。

3. 肉羊生产的经营管理

（1）**目标管理**　根据市场需求，确定全年肉羊的产量和质量、成本、利润及种羊扩繁等目标，并制定实施计划、措施和办法。目标管理是经营管理的核心。

（2）**生产管理**　生产管理的内容主要包括：强化管理，精简并减少非生产人员，择优上岗；健全岗位责任制，定岗、定资、定员，明确年度岗位任务量和责任，建立岗位靠竞争、报酬靠贡献的机制；以人为本，从严治场，严格执行各项饲养管理、卫生防疫等技术规范和规章制度，使工作达到规范化、程序化；建立并完善日报制度，包括生产等各项日报记录，并建立生产档案。

（3）**技术管理**　制定年度各项技术指标和技术规范，实行技术监控，开展岗位培训和新技术普及应用，及时做好技术数据的汇总、分析工作，并加以认真的总结，建立技术档案。

（4）**物资管理**　肉羊场所需各种物资的采购、贮备、发放的组织和管理，直接影响生产成本。因此，应建立药品、燃料、材料、低值易耗品、劳动保护等用品的采购、保管、收发制度，并实行定额管理。

（5）**财务管理**　财务管理是一项复杂而政策性很强的工作，是监督企业经济活动的一个有力手段。

（六）流程化管理

由于现代规模化羊场，其周期性和规律性相当强，生产过程环环相扣，因此要求全场员工对自己所做的工作内容和特点要非常清晰明了，做到每周每日工作事事清。每周工作流程如周六消毒等；每日工作流程如几时喂料、几时治疗病羊、几时搞卫生等。

现代规模化羊场在建场之前，其生产工艺流程就已经确定。生产线的生产工艺流程至关重要，如哺乳期多少天、空栏时间等都要有节律性，是固定不变的。只有这样，才能保证羊场满负荷均衡生产。

（七）规程化管理

在羊场的生产管理中，各个生产环节细化的科学的饲养管理技术操作规程是重中之重，是搞好羊场生产的基础，也是搞好羊病防治工作的基础。饲养管理技术操作规程有：生产操作规程、临床技术操作规程、卫生防疫制度、免疫程序、驱虫程序、消毒制度、预防用药及保健程序等。

（八）数字化管理

要建立一套完整的科学的生产线报表体系，并用电子计算机管理软件系统进行统计、汇总及分析。报表的目的不仅仅是统计，更重要的是分析，及时发现生产中存在的问题并及时解决。

报表是反映羊场生产管理情况的有效手段，是上级领导检查工作的内容之一，也是统计分析、指导生产的依据。因此，认真填写报表是一项严肃的工作，应予以高度的重视。各生产车间要做好各种生产记录，并准确、如实地填写周报表，交到上一级主管，查对核实后，及时送到场办并及时输入电子计算机。

羊场报表有生产报表，如种羊配种情况周报表、分娩母羊及产羔情况周报表、断奶母羊及羔羊生产情况周报表、种羊死亡淘汰情况周报表、肉羊转栏情况周报表、肉羊死亡及出栏情况周报表、妊检空怀及流产母羊情况周报表、羊群盘点月报表、羊场生产情况周报表、配种妊娠舍周报表等；其他报表，如饲料需求计划月报表、药物需求计划月报表、生产工具等物资需求计划月报表、饲料进销存月报表、药物进销存月报表、生产工具等物资进销存月报表、饲料领用周报表、药物领用周报表、生产工具等物资领用周报表、销售计划月报表等。

（九）信息化管理

规模化肉羊场的管理者要有掌握并利用市场信息、行业信息、新技术信息的能力。作为养羊企业的管理者，应对本企业自身因素及企业外各种政策因素、市场信息和竞争环境进行透彻的了解和分析，及时采取相应的对策，力求做到知己知彼，百战不殆，为企业调整战略、为顾客提供满意的高质量产品和做好服务提供依据。在信息时代，是反应快的企业吃掉反应慢的企业，而不是规模大的吃掉规模小的，提高企业的反应能力和运作效率，才能够成为竞争的真正赢家！在信息时代以前，一个企业的成功模式可能是：规模＋技术＋管理＝成功，但是在信息时代，企业管理不是简单的技术开发、产品生产，而是要能够及时掌握市场形势的变化和消费者的新需求，及时做出相应的反应，适应市场需求。

经常参加一些养羊行业会议，积极加入并参与养羊行业的各种组织活动，要走出去，请进来；充分利用现代信息工具如网络等。

二、羊只档案编号管理

羊场操作规程是羊场成功经营的基础，羊场操作规程包括饲料生产规程、防疫治疗规程、繁殖操作规程等。各个羊场应根据自己的实际情况建立完善的操作规程。羊场所有记录应准确、可靠、完整。引进、购入、配种、产羔、断奶、转群、增重、饲料消耗均应有完整记录。引进种羊要有种羊系谱档案和主要生产性能记录。饲料配方及各种添加剂使用要有记录。要有疾病防治记录和出栏记录。上述有关资料应保留 3 年以上。

（一）羊只基本信息数据

羊只基本信息数据见表 5–1。

表 5–1　羊只基本信息

羊场编号	羊只编号				二维码	照片
	品种	年	月	编号		
		初生日期		性别		
来源		同胎只数				

1. 羊场编号

羊场编号由 10 位数字组成，分别为省市县（区）6 位代码和企业 4 位顺序号组成（表 5-2）。

表 5-2　羊场编号数字组成表

省		市		县（区）		乡镇村			
河南省		郑州市		金水区		企业编号（顺序号）			
4	1	0	1	0	5				

按照国家行政区划编码确定各省（自治区）市编号，由 2 位数码组成，第一位是国家行政区划的大区号。例如，北京市属"华北"，编码是"1"，第二位是大区内省市号，"北京市"是"1"，因此，北京编号是"11"（表 5-3）。

表 5-3　我国羊只各省（市、区）编号表

省（自治区）市	编　号	省（自治区）市	编　号	省（自治区）市	编　号
北　京	11	安　徽	34	贵　州	52
天　津	12	福　建	35	云　南	53
河　北	13	江　西	36	西　藏	54
山　西	14	山　东	37	重　庆	55
内蒙古	15	河　南	41	陕　西	61
辽　宁	21	湖　北	42	甘　肃	62
吉　林	22	湖　南	43	青　海	63
黑龙江	23	广　东	44	宁　夏	64
上　海	31	广　西	45	新　疆	65
江　苏	32	海　南	46	台　湾	71

2. 羊只编号（个体标识）

个体标识是对羊群管理的首要步骤。个体标识有耳标、液氮

烙号、条形码、电子识别标识，目前常用的主要是耳标。耳标数字采用 10 位标识系统，即 2 位品种＋2 位出生年份后 2 位＋2 位出生月份＋4 位顺序号，末尾按照公单母双的办法编排。

例如，某场 2016 年 8 月份出生的第一只公羊，编号如表 5-4 和图 5-1 所示。

表 5-4　羊只编号方法

品种代码		出生年		出生月份		顺序号（公单母双）			
X	H	1	6	0	8	0	0	0	1

图 5-1　羊只编号方法

品种代码采用与羊只品种名称（英文名称或汉语拼音）有关的 2 位大写英文字母组成（表 5-5）。

表 5-5　我国羊只品种代码编号表

品　种	代　码	品　种	代　码	品　种	代　码
滩　羊	TA	考力代羊	KO	青海毛肉兼用细毛羊	QX
同　羊	TO	腾冲绵羊	TM	青海高原毛肉兼用细毛羊	QB
兰州大尾羊	LD	藏　羊	ZA	凉山细毛羊	LB

续表 5-5

品　种	代　码	品　种	代　码	品　种	代　码
和田羊	HT	子午岭黑山羊	ZH	中国美利奴羊	ZM
哈萨克羊	HS	承德无角山羊	CW	巴美肉羊	BM
贵德黑裘皮羊	GH	太行山羊	TS	豫西脂尾羊	YZ
多浪羊	DL	中卫山羊	ZS	乌珠穆沁羊	UJ
阿勒泰羊	AL	柴达木羊	CS	洼地绵羊	WM
湘东黑山羊	XH	吕梁黑山羊	LH	蒙古羊	MG
马头山羊	MT	澳洲美利奴羊	AM	小尾寒羊	XW
波尔山羊	BG	黔北麻羊	QM	昭通山羊	ZS
德国肉用美利奴羊	DM	夏洛莱羊	CH	重庆黑山羊	CH
杜泊羊	DO	萨福克羊	SU	广灵大尾羊	GD
大足黑山羊	DZ	圭山山羊	GZ	川南黑山羊	CN
贵州白山羊	GB	川中黑山羊	CZ	贵州黑山羊	GH
成都麻羊	CM	建昌黑山羊	JH	马关无角山羊	WW
德克赛尔羊	TE	无角陶赛特羊	PD	南江黄羊	NH
藏山羊	ZS	新疆细毛羊	XX	大尾寒羊	DW

（二）羊只生长发育测定

按照初生、断奶（45天）、3月龄、6月龄、12月龄和成年6个阶段分别记录羊只的生长发育情况（表5-6）。

表 5-6　羊只生长发育测定

年　龄	体　高	体　长	胸　围	管　围	体　重
初　生					
断奶（45天）					
3月龄					

续表 5-6

年 龄	体 高	体 长	胸 围	管 围	体 重
6 月龄					
12 月龄					
成 年					

（三）饲料生产和饲喂档案

饲料生产和饲喂档案见表 5-7 至表 5-10。

表 5-7 饲料生产记录表

时间	玉米	饼粕类	麸皮	预混料	青贮	干草	豆腐渣	备注	合计	人员

表 5-8 饲料生产月报表

						时 间 月 份			
玉米	饼粕类	麸皮	预混料	青贮	干草	豆腐渣	其他	合计	人员

表 5-9 饲料使用记录表

时 间	羊 舍							
	饲喂量							
	饲养员							
	饲喂量							
	饲养员							

表5-10　羊只饲喂月报表

				时　间　　　月　份		备　注	饲养员
羊　舍							
合　计							

（四）疾病防治记录

疾病防治记录见表5-11、表5-12。

表5-11　防疫记录

时　间	疫苗名称	使用方法	剂　量	备注及操作人
时　间	疫苗名称	使用方法	剂　量	备注及操作人

表5-12　疾病防治月报表

			时　间　　　月　份						
羊　舍	发病数	治疗数	结　果				备　注	饲养员
			痊　愈	淘　汰	死　亡	其　他		
合　计								

（五）育肥档案

育肥档案见表5-13。

表 5-13　育肥舍羊只月报表

羊　舍	转入时间	羊只数	转入体重	转出时间	羊只数	转出体重	备　注	饲养员
				时　间　　月　份				
育肥一舍								
育肥二舍								
育肥三舍								
育肥四舍								
合　计								

（六）羊场生产数据管理

羊场所有记录应准确、可靠、完整。引进、购入、配种、产羔、断奶、转群、增重、饲料消耗均应有完整记录。引进种羊要有种羊系谱档案和主要生产性能记录。饲料配方及各种添加剂使用要有记录。要有疾病防治记录和出栏记录。上述有关资料应保留3年以上（图5-2）。

图 5-2　羊场档案管理系统

三、育肥羊日常管理

根据肉羊的不同生产需要，结合当地饲料资源进行搭配，生产颗粒饲料进行肉羊育肥。常见育肥方式有舍饲育肥和工厂化育肥。

（一）舍饲育肥管理

育肥羊在圈舍中，按饲养标准配制日粮，采用科学的饲养管理，是一种短期强度育肥方式。此法育肥期短、周转快、效果好、经济效益高，并且不分季节，可全年均衡供应羊肉产品。舍饲育肥主要用于组织肥羔生产，用以生产高档肥羔肉，也可根据生产季节，组织成年羊育肥。舍饲育肥期通常为 60～80 天。与相同月龄的放牧育肥羊相比，舍饲可提高活重 10％以上，胴体重高出 20％。

舍饲育肥的基本要求是：精饲料占日粮的 60％以上，随着精饲料比例的增加，羊的育肥强度加大，在加大精饲料比例时应逐渐进行，以预防采食精饲料过多造成羊肠毒血症和因钙磷比例失调引起的尿结石症。圈舍应保持干燥、通风、安静和卫生（图5-3）。

图 5-3　舍饲育肥

（二）工厂化育肥管理

工厂化育肥生产是指在人为控制的环境条件下，进行规模化、集约化、标准化的养羊生产模式，具有生产周期短、自动化程度高、受外界环境因素影响小的特点。在工厂化育肥羊生产中，3月龄重可达周岁羊的50%，6月龄体重可达75%（图5-4）。

图5-4　工厂化育肥

1. 进度与强度

绵羊羔育肥时，一般细毛羔羊在8～8.5月龄结束，半细毛羔羊7～7.5月龄结束，肉用羔羊5～6月龄结束。若采用强度育肥，育肥期短，且可以获得高的增重效果；若采用放牧育肥，需延长育肥期，但生产成本较低。

2. 育肥准备

育肥前做好圈舍和饲草饲料的准备。舍饲育肥、混合育肥均需要羊舍，羊舍要求冬暖夏凉、清洁卫生、平坦高燥，圈舍大小按每只羊占地面积0.8～1米²计算。在我国北方地区应推广使用塑料暖棚养羊技术。育肥羊的饲料种类应多样化，尽量选用营养价值高、适口性好、易消化的饲料，主要包括精饲料、粗饲料、多汁饲料、青绿饲料，还需准备一定量的微量元素添加剂、维生素、抗生素添加剂及食盐等，粉渣、酒糟、甜菜渣等加工副产品也可以适当选用。

3. 挑选育肥羊

根据市场销路和育肥条件，确定每次育肥羊的数量。育肥羊主要来源于自群繁殖和外地购入，收购来的羊当日不宜饲喂，只给予饮水和少量干草，让其安静休息。同期育肥羊根据肥瘦状况、性别、年龄、体重等分组，育肥前要进行驱虫、防疫。育肥开始后，观察羊只表现，及时挑出伤、病、弱羊只，给予治疗并改善管理条件。

（三）育肥的注意事项

1. 搞好羊舍环境卫生

羊舍环境卫生好坏与疫病的发生有密切关系。环境污秽，有利于病原体的滋生和疫病的传播，因此羊舍、场地及用具应保持清洁、干燥，每日坚持清除圈舍、场地的粪便及污物，将粪便及污物堆积发酵，30 天左右可作为肥料使用。要加强消毒工作，冬季每 15 天消毒 1 次，春、秋季每 15 天消毒 1 次，夏季每周消毒 1 次。育肥前后均要空圈一段时间，并彻底消毒。消毒药品要按说明进行多品种交叉使用。常用的消毒药品有氢氧化钠、次氯酸钠、生石灰、过氧乙酸、高锰酸钾等。

2. 做好免疫接种

要有针对性、有组织地搞好疫苗的免疫接种，及时预防和控制传染病的发生。对口蹄疫、羊三联四防等疫苗按规程进行定期预防注射。免疫时应注意以下几点：预防注射时要做好编号、登记工作，并有详细记录；接种时注射器、针头先浸泡于消毒液中或煮沸消毒 15 分钟用生理盐水冲洗，冷却后方可使用；每注射 1 只羊必须换 1 个针头，或一针一消毒，防止疾病交叉感染；疫苗要严格按规定运输和贮存。

3. 驱　虫

羊寄生虫病极其普遍，如不定期驱虫可能导致羊生长延缓、消瘦等，重者可危及生命。育肥羊引进后首先进行口服左旋咪唑或丙硫咪唑驱虫；隔7～8天用伊维菌素驱虫，7～8天后再驱虫1次。育肥羊入栏后要用血虫净等药物驱虫1～2次，以预防附红细胞体病的发生。

第六章
羔羊的直线育肥

羔羊的直线育肥是指羔羊从出生开始，按照育肥的流程，采用精饲料为主，一直到育肥出栏。改变了传统的"拉架子"后再育肥的模式，直线育肥技术是肉羊工厂化、规范化的前提。

一、羔羊的护理

初生羔羊是指从出生到脐带脱落这一时期。羔羊脐带一般是在出生后的第二天开始干燥，6天左右脱落，脐带干燥脱落得早晚与断脐的方法、气温及通风有关。初生羔羊的护理工作是羔羊生产的中心环节，要想提高羔羊成活率，除了做好妊娠母羊的饲养管理、使之产下健壮羔羊外，搞好羔羊饲养管理也是关键所在。

（一）清除口、鼻腔黏液

羔羊产出后，迅速将口、鼻、耳中的黏液掏出，让母羊舔净羔羊身上的黏液。

如母羊不舔，可在羔羊身上撒些麸皮，引诱其舔干。其作用是：增进母仔感情，促进缩宫素分泌，以利胎衣排出（图6-1）。

图6-1 母羊舔干羔羊

（二）假死急救

将羔羊浸在40℃左右温水中，同时进行人工呼吸，按拍胸部两侧，或向鼻孔吹气，使其复苏。

（三）断 脐

多数羔羊产出后脐带会自行扯断，可用5%碘酊消毒脐带。未断时，可向腹部挤血后在距腹部5～10厘米处剪断，再用5%碘酊充分消毒（图6-2）。

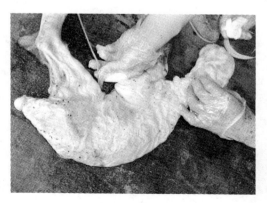

图6-2 羔羊断脐带

（四）喂 初 乳

分娩结束后，剪掉母羊乳房周围长毛，用温水或 0.1% 高锰酸钾溶液消毒乳房并弃去最初几滴乳，待羔羊自行站立后，辅助其吃上初乳，以获得营养和免疫抗体。用 0.1% 高锰酸钾溶液清洗母羊乳房，再用毛巾擦干。羔羊出生后最好在 30 分钟内吃上初乳（图 6-3 至图 6-5）。

（五）称 重

吃完初乳的羔羊，对其体重进行称量并记录（图 6-6）。

图 6-3 清洗母羊乳房

图 6-4 挤出初乳

图 6-5 羔羊吃到初乳

图 6-6 羔羊称重

（六）去　角

羔羊去角是舍饲羊饲养管理的重要环节。羊有角容易发生创伤，不便于管理。羔羊一般在出生后 7～10 天去角，对羊的损伤小。有角的羔羊出生后，角基部呈漩涡状，触摸时有一较硬的凸起。去角时，先将角基部分的毛剪掉，剪的面积要稍大些（直径约 3 厘米）。常用去角方法有烧烙法和化学去角法。

1. 烧 烙 法

将烙铁于炭火中烧至暗红（可用 300 瓦的电烙铁）后，对保定好的羔羊的角基部进行烧烙，烧烙的次数可多一些，但每次烧烙的时间不超过 1 秒钟，当表层皮肤破坏，并伤及角质组织后即可结束，最后对术部进行消毒。

2. 化学去角法

用棒状氢氧化钠（苛性钠）在角基部摩擦，以破坏其皮肤和角质组织。术前应在角基部周围涂抹一圈医用凡士林，防止碱液损伤其他部分的皮肤。操作时先重、后轻，将表皮擦至有血液渗出即可。摩擦面积要稍大于角基部。术后应将羔羊后肢适当捆住（松紧程度以羊能站立和缓慢行走即可）。由母羊哺乳的羔羊，在术后的半天以内应与母羊隔离；哺乳时，也应尽量避免羔羊将碱液污染到母羊的乳房上而造成损伤。去角后，可给伤口撒上少量消炎粉（图 6-7）。

（七）编　号

羔羊出生后 7 天内，按照羊的编号规则，对羊只进行打耳号或佩戴耳标（图 6-8）。

（八）鉴　定

初生羔羊的鉴定是对羔羊的初步挑选。尽可能较早知道种公羊的后裔测验结果，确定其种用价值。经初步鉴定，可把羔羊分

图 6-7　羔羊烧烙法去角

图 6-8　羔羊佩戴耳标

为优、良、中、劣 4 级。挑选出来的优秀个体，可用母子群的饲养管理方式加强培育。

（九）断　尾

为了保持羊毛的清洁，防止发生寄生虫病，有利于母羊配种。羔羊出生后 1 周左右即可断尾，身体瘦弱的，或天气过冷时，可适当延长。断尾最好在晴天的早上进行，不要在阴雨天或傍晚进行。绵羊羔羊出生后 7 天内，在第三、第四尾椎处采取结扎法进行断尾。

1. 热 断 法

需要一个特制的断尾钳（图 6-9）和两块 20 厘米见方的两面钉上铁皮的木板。一块木板的下方，凿一个半圆形的缺口，断尾时把尾巴正压在半圆形的缺口里。这块木板不但用来压住尾巴，而且断尾时可防止灼热的断尾钳烫伤羔羊的肛门和睾丸。另一块木板断尾时衬在板凳上面，以免把凳子烫坏。断尾时需两人配合，一人保定羔羊，另一人在离尾根 4 厘米处（第三、第四尾椎之间），用带有半圆形缺口的木板把尾巴紧紧压住，把灼热的断尾钳放在尾巴上稍微用力往下压，即可将尾巴断下。切的速度不宜过快，否则止不住血。断下尾巴后若仍出血，可用热钳烫一烫，然后用碘酊消毒。

2. 结 扎 法

用橡皮筋在第三、第四尾椎之间紧紧扎住，断绝血液流通，下端的尾巴 10 天左右即可自行脱落（图 6-10）。

图 6-9　羊断尾钳

图 6-10　羊结扎法断尾

二、羔羊的防疫

羔羊的免疫力主要从初乳中获得，在羔羊出生后 1 小时内，保证吃到初乳。对 15 日龄以内的羔羊，疫苗主要用于紧急免疫，一般暂不注射。羔羊常用疫苗和使用方法见表 6-1。

表 6-1　羔羊常用疫苗和使用方法

时　间	疫苗名称	剂量（只）	方　法	备　注
出生 2 小时内	破伤风抗毒素	1 毫升 / 只	肌内注射	预防破伤风
16～30 日龄	羊痘弱毒疫苗	1 头份	尾根内侧皮下注射	预防羊痘
	三联四防（梭菌病疫苗）	1 毫升 / 只	肌内注射	预防羔羊痢疾（魏氏梭菌病、羊黑疫）、羊猝狙、羊肠毒血症、羊快疫

续表 6-1

时 间	疫苗名称	剂量（只）	方 法	备 注
16～30日龄	小反刍兽疫疫苗	1头份	肌内注射	预防小反刍兽疫
30～45日龄	羊传染性胸膜肺炎氢氧化铝菌苗	2毫升/只	肌内注射	预防羊传染性胸膜肺炎
	口蹄疫疫苗	1毫升/只	皮下注射	预防羊口蹄疫

要了解被预防羊群的年龄、健康状况，体弱或原来就生病的羊预防后可能会引起各种反应，应说明情况，或暂时不进行免疫。对 15 日龄以内的羔羊，除紧急免疫外，一般暂不注射。预防注射前，对疫苗有效期、批号及厂家应注意记录，以便备查。对预防接种的针头，应做到一只一换。

三、早期补饲和断奶

当羔羊精饲料日补饲超过 200 克，绵羊羔羊体重超过 12.5 千克、山羊体重超过 10 千克，45 日龄即可实施断奶。断奶前采用羔羊颗粒熟化开口料进行补饲（图 6-11、图 6-12）。

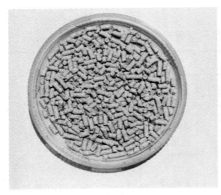

图 6-11　羔羊颗粒饲料

图 6-12　羔羊补饲桶

羔羊在 10 日龄尽量开始训练采食，最好制作成颗粒饲料，任其自由采食，配方可参照表 6-2。

表 6-2　羔羊饲料配方

玉　米	豆　粕	棉籽粕	麸　皮	预混料	优质草粉	益生菌
60	10	8	10	4	6	2

按 20% 加水，尽可能加入优质草粉进行制粒。

羔羊尽可能提早补饲，当羔羊习惯采食饲料后，所用的饲料要多样化、营养好、易消化，饲喂时要少喂勤添，做到定时、定量、定点，保证饲槽和饮水的清洁、卫生。

断奶后 1 周内完成驱虫、防疫等。1 周后全价颗粒饲料不限量自由采食，育肥时间 100 天左右，可达到成年体重的 70%～80%。

四、羔羊的饲养管理

羔羊指从出生到断奶阶段（45 天左右）的羊只。此阶段的饲养管理主要是保证羔羊及时吃好初乳和常乳。提早补料，10 日龄开始采食。防寒防湿、通风保暖；加强运动、增强羔羊体质。

（一）初乳阶段（出生后 7 天内）

初乳期羔羊要尽早使其吃初乳，多吃初乳。羔羊至少每日早、中、晚各吃 1 次奶。同时，要做好肺炎、胃肠炎、脐带炎和羔羊痢疾的预防工作。对于秋、冬季节出生的羔羊，在初乳阶段做好保暖工作，可以采用加热板采暖（图 6-13）。

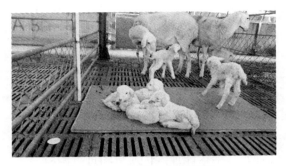

图 6-13　羔羊加热板采暖

（二）常乳阶段（1 周龄至断奶前）

安排好羔羊的吃奶时间，最好让羔羊能在早、中、晚各吃 1 次奶。羔羊代乳料采用不限量自由采食，保证饮水清洁、充足。

（三）饲养管理注意事项

1. 搞好棚圈卫生

凡羊舍过于狭小、脏、乱、阴暗潮湿、闷热不堪、通气不良，都可引起羔羊的大量发病。所以，必须搞好棚圈卫生和对周围环境及用具的消毒。

2. 运　动

羔羊出生到 20 天以前，可在运动场上或羊圈周围任其自由活动，20 天以后可组成羔羊群外出运动。每日不超过 4 小时，距离不超过 500 米。2 个月以后每日可运动 6 小时左右，往返距离不超过 1 000 米。要特别注意防止羔羊吃毛、吃土等。

3. 饮　水

羔羊每日饮水 2～3 次，水槽内应经常有清洁的水，最好是井水，水温不低于 8℃。

4. 搞好防疫注射

按照免疫程序切实实施免疫接种工作。15 日龄以内的羔羊在秋、冬季应注意保暖。

五、强度育肥

目前，对自繁羔羊通常采用三阶段育肥法。

（一）过渡阶段

过渡阶段指羔羊从断奶到正式强度育肥前的阶段，时间在 7～10 天。过渡阶段涉及防疫、驱虫、饲料过渡转换等方面。

1. 断奶后的转舍转圈（或运输）

羔羊断奶转舍前半天禁食，防止在驱赶过程中造成应激，影响健康。转舍后当日少量饲喂或不饲喂，采用复合维生素饮水，以减少应激。

2. 驱　虫

采用丙硫咪唑或丙硫咪唑＋盐酸左旋咪唑驱虫，丙硫咪唑用量 10 毫克／千克体重，盐酸左旋咪唑 8 毫克／千克体重。羊只在转舍后的 3 天内进行第一次驱虫，间隔 3～7 天进行第二次驱虫。

3. 饲　喂

由代乳颗粒料向前期育肥颗粒料逐渐过渡，在 7 天内全部采用前期全价育肥颗粒料进行饲喂。

（二）前期育肥

前期育肥是指断奶后到体重达到 25 千克前的阶段，此阶段是羔羊器官和骨骼发育的主要时期。

采用前期育肥颗粒料进行不限量自由采食，自由饮水。此阶段根据羊的情况，需要进行剪毛，做好环境卫生和通风。

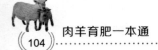
（三）后期育肥

后期育肥是指体重从 25 千克到出栏前的阶段，此阶段主要是肌肉生长和脂肪沉积的时期。完成前期的保健和防疫，采用后期育肥颗粒料不限量自由采食、自由饮水方式进行饲喂。保持好圈舍卫生和通风。

第七章

肉羊的异地育肥

目前，我国肉羊异地育肥主要是牧区繁育，农区育肥。牧区主要是青藏高原牧区（西北部）和内蒙古草原牧区及东北地区。育肥主要集中在中部的山东、河南、河北和山西。

一、育肥羊的选购

（一）羊　源

目前，育肥羊的主要来源为内蒙古和青藏牧区。青藏牧区的品种以藏羊为主，内蒙古牧区及东北地区主要为蒙古羊、蒙寒杂交羊、绒山羊。

1. 蒙　古　羊

蒙古羊在育成中国新疆细毛羊、东北细毛羊、内蒙古细毛羊、敖汉细毛羊及中国卡拉库尔羊的过程中，起过重要作用。内蒙古西部及毗邻县、自治区的蒙古羊的毛被中干死毛较少，素称河西细春毛，为优良地毯毛。

蒙古羊具有生活力强，适于游牧，耐寒、耐旱等特点，并且具有较好的产肉、产脂性能，因此在产区及周边省份、自治区饲养量很大，为牧区主要饲养羊种（图7-1）。

图 7-1　蒙　古　羊

2. 藏　羊

　　藏羊为我国三大粗毛绵羊品种之一，以高原型羊较优，为著名地毯毛羊，对高原牧区气候有较强的适应性。藏羊遗传性强，耐寒怕热，喜干厌湿，合群性好，采食能力强，边走边食，但对牧草选择严格。藏羊裘皮皮板坚固，毛长绒厚，保暖性强。羔皮皮板轻薄，毛卷曲，光泽好，尤其是"二毛皮"为羔皮上品。

　　藏羊属于瘦长尾型，具有肉质好，胴体率高等优点。但其育肥的生长速度较蒙古羊慢。

图 7-2　藏　羊

（二）育肥羊的判定

1. 根据饱星的大小来评定肉用羊的肥度

　　所谓饱星，就是指羊肩前的淋巴结。由于羊体脂肪的沉积，在前躯多，后躯少，肩前淋巴结的大小变化可证明脂肪蓄积得多少，所以这一疙瘩，在羊膘肥之后，周围包被的脂肪增多；反之，则变小。评定肉羊肥瘦时，评定人骑在羊背上固定羊体，用手去揣摸饱星的大小。判断歌诀是"勾九、叉八、捏七、圆六"。其中以叉八的饱星最大，一般绝对大小有鹅蛋那么大，体膘最肥，勾九次之，捏七又次，圆六最小，绝对大小有杏核那么大的饱星，体膘最瘦。

"叉八"就是指食指叉开呈一八字形才能叉住饱星，这类羊脂肪蓄积最多；"勾九"就是指食指弯曲起来，像个"九"字形，饱星就套在这个九字形内，这类羊膘情比叉八差，体脂肪蓄积也比叉八少；"捏七"就是指拇指、食指、中指都弯曲如鼎足，才可把饱星捏住，这类羊膘情和体内蓄积脂肪又差于勾九；"圆六"就是指拇指、食指并在一起，才可能把饱星捏住，这类羊膘度最差，体内脂肪蓄积最少。

2. 检查毛被变化

毛被变化代表着营养好坏。当春季羊的营养不良时，毛上的附着物少，毛干而灰暗，且蓬松凌乱。羊吃上青草以后，随着膘情的好转，皮脂腺分泌物多，毛色光润发亮，毛的营养充分，毛开始变粗，这是膘情好转的开始。当皮肤紧张，毛的顶部弯曲很明显，这时说明肉羊已满膘。

3. 毛被挂霜

鉴定羊的肥度，也可在秋后的早晨观察饲养在露天羊圈里的羊群，膘好的羊身上挂一层霜，肥度越好挂霜就越多。这是因为羊皮下脂肪多，毛粗而密，油汗多，体热散失少而慢，霜能在身上挂住。而瘦羊体热散失快，有霜很快会被溶化，挂不住霜。

二、育肥羊的运输

（一）运输前准备

运输前要做好充分准备，运输过程中要尽量让羊舒适安静，减少一些损失。装车前 6 小时适量饲喂，充足饮水，饮水中加入抗应激药物和复合维生素。

羊运输前，应由当地动物防疫监督机构根据国家有关规定进行检疫，办好产地检疫和过境检疫及相关手续，出具检疫证明。

运输车辆在运输前应用消毒液彻底消毒。在装羊的车厢内铺一层秸秆，或在厢板上洒一层干燥的沙土，防止羊在运输过程中滑倒而相互挤压致死（图 7-3、图 7-4）。

图 7-3 羊的装车　　　　　图 7-4 装车时的顺序

（二）运输中注意事项

提前选好行车路线，尽量选择道路平整、离村较近的线路，以便遇到特殊情况及时处理。

确保运输车辆的车况良好，手续齐备，装有高栏，防止羊跳车；配带苫布以备雨雪天使用；根据运程备足草料及水盆、料盆等器具；还应带少量消炎镇痛药品及抗生素类药物。

运程中尽量不喂草料，超过 24 小时需饮水，在饮水中加入抗应激药物和复合维生素。

押车人员要经常检查车上的羊，发现羊怪叫、倒卧要及时停车，将其扶起，安置到不易被挤压的角落。卸羊时要防止车厢板与车厢之间的缝隙别断羊腿，最好将车靠近高台处卸羊，防止羊跳车或挤压受伤（图 7–5、图 7–6）。

图 7–5　及时下车检查　　　　　　图 7–6　卸　羊

（三）运输后注意事项

卸车时视车高低需借助卸羊台，卸下之后不能立即喂饲料，可适量饮水，饮水应加入多种维生素。12 小时后，适当饲喂全价日粮，喂量控制在 1 千克以内。48 小时后开始正常饲喂。

三、育肥前的保健和防疫

（一）防　疫

当地畜牧兽医行政管理部门应根据《中华人民共和国动物

防疫法》及其配套法规的要求，结合当地实际情况，制定疫病的免疫规划。肉羊场根据免疫规划制定本场的免疫程序，并认真实施，注意选择适宜的疫苗和免疫方法。

育肥羊到达目的地后，在 7 天内尽量完成羊痘、三联四防、小反刍兽疫疫苗的防疫。7～15 天，用三联四防疫苗加强防疫 1次，结合羊源地和育肥地的疫病情况，选择性地使用羊传染性胸膜肺炎氢氧化铝菌苗和口蹄疫疫苗（表 7-1）。

表 7-1　异地育肥羊常用疫苗和使用方法

到育肥地时间	疫苗名称	剂量（只）	方　法	备　注
1～7 天	羊痘弱毒疫苗	1 头份	尾根内侧皮下注射	预防羊痘
	三联四防（魏氏梭菌病疫苗）	1 毫升 / 只	肌内注射	预防羔羊痢疾（魏氏梭菌病、羊黑疫）、羊猝狙、羊肠毒血症、羊快疫
	小反刍兽疫疫苗	1 头份	肌内注射	预防小反刍兽疫
7～15 天	羊传染性胸膜肺炎氢氧化铝菌苗	2 毫升 / 只	肌内注射	预防羊传染性胸膜肺炎（结合疫情）
	三联四防（魏氏梭菌病疫苗）疫苗	1 毫升 / 只	肌内注射	预防羔羊痢疾（魏氏梭菌病、羊黑疫）、羊猝狙、羊肠毒血症、羊快疫
	口蹄疫疫苗	1 毫升 / 只	皮下注射	预防羊口蹄疫（结合疫情）

要了解被预防羊群的年龄、健康状况，体弱或原来就生病的羊预防后可能会引起各种反应，应说明情况，或暂时不打预防针。预防注射前，对疫苗有效期、批号及生产厂家应注意记录，以便备查。对预防接种的针头，应做到一只一换。

（二）剪 毛

剪毛有手工剪毛和机械剪毛两种。通常羊只在到达育肥目的地7～10天后进行剪毛。

剪毛应从低价值羊开始。不同品种羊，按粗毛羊、杂种羊、细毛羊或半细毛羊的顺序进行。患皮肤病和外寄生虫病的羊最后剪，以免传染。剪毛前12小时停止放牧、饮水和喂料，以免剪毛时粪便污染羊毛和发生伤亡事故。

羊群较小时多用手工剪毛。剪毛要选择在无风的晴天，以免羊受凉感冒。剪毛时，先用绳子把羊的左侧前后肢捆住，使羊左侧卧地，剪毛人蹲在羊背后，从羊后肋向前肋直线开剪，然后按与此平行方向剪腹部及胸部的毛，再剪前后腿毛，最后剪头部毛，一直把羊的半身毛剪至背中线，再用同样的方法剪另一侧的毛。最后检查全身，剪去遗留下的羊毛（图7-7）。

图7-7　电动剪羊毛

剪毛注意事项：一是剪刀放平，紧贴羊的皮肤剪，留茬要低而齐，若毛茬过高，也不要重复剪取；二是保持毛被完整，不要让粪土、草屑等混入毛被，以利于羊毛分级分等；三是剪毛动作要快，翻羊要轻，时间不宜拖得太久；四是尽量不要剪破皮肤，如果剪破要及时消毒、涂药或缝合。

（三）药　浴

剪毛后的 7 天内，应及时组织药浴，以防疥癣病的发生。如间隔时间过长，则毛长长不易洗透。药浴使用的药液有 0.05%辛硫磷乳油、1%敌百虫溶液、氰戊菊酯（80～200 毫克 / 千克）、溴氰菊酯（50～80 毫克 / 千克）等溶液；也可用石硫合剂，其配方是生石灰 7.5 千克，硫黄粉末 12.5 千克，用水拌成糊状，加水 300 升，边煮边搅拌，煮至浓茶色为止，沉淀后取上清液加温水 1 000 升即可。

药浴分池浴（图 7-8）、淋浴（图 7-9 至图 7-11）和盆浴 3

图 7-8　药 浴 池

图 7-9　羊淋浴装置　　　　图 7-10　药浴喷淋装置

图 7-11　自走式药浴喷淋车

种。池浴在专门建造的药浴池进行，最常见的药浴池为水泥沟形池，药液的深度以没及羊体为原则，羊出浴后在滴流台上停留10～20 分钟。淋浴在特设的淋浴场进行，淋浴时把羊赶入，开动水泵喷淋，经 3 分钟淋透全身后关闭，将淋过的羊赶入滤液栏中，经 3～5 分钟后放出。

药浴时注意：药浴前 8 小时给羊停止喂料，药浴前 2～3 小时给羊饮足水，以防止羊误喝药液。药浴应选择暖和无风天气进行，以防羊受凉感冒，浴液温度保持在 30℃左右。先浴健康羊，后浴病羊。药浴后 5～6 小时可转入正常饲养。第一次药浴后8～10 天可重复药浴 1 次。

（四）修　蹄

羊蹄壳生长较快，如不修整，易造成畸形，系部下坐，行走不便而影响采食。所以，绵羊在剪毛后和进入冬牧前宜进行修蹄。

修蹄一般在雨后进行，这时蹄质软，易修剪。修蹄时让羊坐在地上，羊背部靠在修蹄人员的两腿间，从前蹄开始，用修蹄剪或快刀将过长的蹄尖剪掉，然后将蹄底的边缘修整得与蹄底一样平齐。蹄底修到可见淡红色的血管为止，不要修剪过度。整形后的羊蹄，蹄底平整，前蹄为方圆形。变形蹄需多次修剪，逐步校正。

为了避免羊发生蹄病，平时应注意休息场所的干燥和通风，勤打扫和勤垫圈，或撒草木灰于圈内和门口，进行消毒。如发现蹄趾间、蹄底或蹄冠部皮肤红肿，跛行甚至分泌有臭味的黏液，应及时检查治疗。轻者可用10%硫酸铜溶液或4%甲醛溶液洗蹄1～2分钟，或用5%来苏儿液洗净蹄部并涂以5%碘酊。

（五）驱　虫

1. 驱虫药物

驱虫药物可选用阿维菌素、伊维菌素或丙硫咪唑，均按用量计算。采用丙硫咪唑或丙硫咪唑＋盐酸左旋咪唑驱虫时，丙硫咪唑用量为10毫克/千克体重，盐酸左旋咪唑为8毫克/千克体重。

2. 驱虫时间和方法

羊只在到达育肥目的地后5～10天进行驱虫，驱虫药用法用量按各药品说明计算（表7-2）。

表7-2　羊的驱虫时间和药物使用　（仅供我国中部地区肉羊参考）

次数	时　间	药　物	用量及备注
第一次	第5～10天	丙硫咪唑	10毫克/千克体重
第二次	第10～15天	左旋咪唑	8毫克/千克体重

注：如遇到天气变化等情况，时间的前后变更控制在1周之内。

3. 注意事项

羊驱虫往往是成群进行，在查明寄生虫种类基础上，根据羊的发育状况、体质、季节特点用药。羊群驱虫应先做小群试验，用新驱虫药或新驱虫法更应如此，然后再大群进行。

四、全价颗粒饲料育肥

（一）全价颗粒饲料育肥的优点

1. 贮存时间长

粉状饲料本身含水分在 15% 左右，且易吸潮变质结块，失去饲喂价值。粉状饲料经加工成全价颗粒料后，水分丧失一部分，加工成的颗粒含水分约 13%，符合标准要求，全价颗粒料在良好的贮存条件下一般可贮存 3～4 个月不会变质，比粉状饲料多 2～3 个月时间。

2. 促进羊生长发育

由于加工成的全价颗粒料表面光滑、硬度高、熟化深透，种羊、肉羊都较喜欢采食，咀嚼充分，消化利用率高，促进种羊、肉羊生长发育。

3. 适口性好

饲料经加工后，可增加香味，刺激羊的食欲，增加采食量，提高饲料消化率。

4. 节约饲料

给羊喂粉状饲料，容易抛撒，易使羊挑食，在刮风时饲料飞扬，造成浪费，饲料转化率仅 92%。改喂颗粒料，因充分混合后羊无法挑食，饲料转化率可达 99%，提高饲料转化率 7%。

5. 节省劳动力

配制混合料喂羊，一般 1 名工人可喂羊 200 多只，采用全价颗粒饲料育肥，1 名工人可喂羊 2 000 只以上。

（二）全价颗粒饲料育肥流程

1. 过渡阶段

从外地引入育肥羊，到育肥目的地后，第一周按照表 7-3 完成育肥前流程，然后采用全价颗粒饲料不限量强度育肥。

表 7-3　育肥准备

引入时间（天）	饲喂（全价颗粒饲料饲喂量）
第一天	禁止饲喂，饮复合维生素水
第二天	0.5 千克 / 只，自由饮水
第 3～7 天	饲料从每只每日 0.5 千克增加至 1 千克，自由饮水，防疫完成，剪毛，驱虫

2. 强度育肥阶段

完成前期的保健和防疫后，即经 7～10 天过渡后，采用不限量自由采食、自由饮水方式进行饲喂（图 7-12）。

图 7-12　强度育肥

第八章
育肥羊常见病

一、酸 中 毒

　　常见于由放牧或粗饲料日粮转为精饲料日粮，或日粮中精饲料由 15% 猛增到 75%～85% 时，瘤胃微生物分解精饲料的同时，产酸过多、酸度大，杀死了瘤胃内的其他微生物，导致瘤胃内酸碱不平衡引起中毒。羔羊通常在采食大量精饲料后 6～12 小时出现症状，先沉郁、低头、垂耳、腹部不适，而后侧卧、不能起立，最后昏迷而死。羔羊染病时，叩击其瘤胃部位，有拍水声，眼结膜充血。全病程只有采食后的 24 小时这一段时间。

　　发现有早期症状（沉郁、腹部不适），灌服制酸药（碳酸氢钠、碳酸镁等）。取 450 克制酸药（最好再加等量活性炭）加 4 升温水，胃管灌服 0.5 升，再加 10 毫升 100 万单位青霉素一同灌服，可以减少产酸细菌。

　　羔羊进入育肥期，改换饲料不宜过快，应有一个适应期，让瘤胃微生物有时间自行调整。这时，育肥舍要宽敞，不让羔羊发生抢食，对个别抢食的羔羊应移到小圈单喂。日粮中要添加一定量的碳酸氢钠，可以缩短改变饲料的适应期。

二、肠毒血症（过食症）

肠毒血症是精料型育肥时的一大疾病，多见于采食速度快的羔羊。采食后发病快，骤然死亡。死羊表现侧卧，头后仰，鼻孔有血沫。发病 1～2 小时内死亡。在出现第一个病例时对其他羔羊要严加提防。

一般表现为突发死亡，往往来不及治疗。育肥期间应注意饲料更换不宜过快，防止抢食。注射肠毒血症类毒素 2 次，间隔 2 周，第二次注射时间要安排在改用精料型日粮的前 2 周。

三、沙门氏菌病

羔羊一般通过粪便污染的草料、水源而感染此病。在正常情况下，羔羊感染后并不发病，可是一旦遇有严重应激（断奶、装运、饲喂中断、拥挤等），导致羔羊抵抗力降低就易发病。发病初期表现拒食、沉郁，体温上升到 41～42℃，腹部不适，拱背，腹泻，严重脱水，1～5 天死亡。全群出现几个病例后，传染速度加快。

隔离病羊，用抗生素治疗，或口服补液盐补充电解质，提供新鲜饮水。注意大群羔羊圈舍的清洁卫生和消毒工作，严防扩散。对羔羊避免应激刺激，转运途中不缺水不缺草，安排好休息，不拥挤，注意草料卫生。此病为人兽共患病，接触病羊后要注意个人防护。

四、肺　炎

常见于羔羊夏、秋季舍饲育肥的初期，受不同应激刺激（运输、拥挤、尘土、昼夜温差大、天气反常等）所致，病羔表现沉郁、拒食、离群、咳嗽、流鼻液，体温 41～42℃，眼分泌液浑浊。病愈后精神欠佳，恢复慢，影响增重。

对病羊加强护理，饲养在温暖、光亮、宽敞、干燥的圈舍内，多铺和勤换垫草。羔羊发病初期，可用青霉素、链霉素或卡那霉素肌内注射，每日 2 次。青霉素 1 万～1.5 万单位 / 千克体重，链霉素 10 毫克 / 千克体重，卡那霉素 5～15 毫克 / 千克体重。

五、尿 结 石

多见于公羔的一种代谢性疾病，起因常为日粮高磷，钙磷比接近 1∶1。早期症状有不排尿、腹痛、不安、紧张、踢腹、多有排尿姿势，起卧不停、甩尾、离群、拒食。病程 5～7 天或更长。

根据不安、踢腹、后肢踏地、多有排尿姿势等症状可确认。停食 24 小时，口服氯化铵，30 千克活重的羔羊每只每日 7～10 克，连服 7 天，必要时适当延长。日常饲养时注意：①配合日粮遵循 2∶1 的钙磷比。②食盐用量加大为 1%～4%，刺激羔羊多饮水，以减少结石的生成。③饮用足够的温水。④补给占精饲料 2% 的氯化铵，可以预防尿结石的生成，但有咳嗽多的副作用，有时可引发直肠脱出。⑤日粮中加入足量的维生素 A。

六、球 虫 病

球虫病是影响羔羊育肥效益的常见病，全群的发病率可高达 50%，死亡率 10% 左右，病羊增重慢，饲料转化率低。一般在育肥开始的 2～3 周内扩散到全群。患羊排出软粪，有时出现脱肛现象。

隔离病羊，用磺胺药治疗和补充电解质进行个别治疗，抗球虫药应遵医嘱使用。

参考文献

［1］权凯. 肉羊标准化生产技术［M］. 北京：金盾出版社，2011.

［2］赵兴绪. 兽医产科学（第四版）［M］. 北京：中国农业出版社，2010.

［3］权凯. 农区肉羊场规划和建设［M］. 北京：金盾出版社，2010.

［4］王建辰，曹光荣. 羊病学［M］. 北京：中国农业出版社，2002.

［5］权凯. 牛羊人工授精技术图解［M］. 北京：金盾出版社，2009.

［6］张英杰. 羊生产学［M］. 北京：中国农业大学出版社，2010.

［7］权凯. 羊繁殖障碍病防治关键技术［M］. 郑州：中原农民出版社，2007.

［8］赵有璋. 羊生产学［M］. 北京：中国农业出版社，2002.

［9］中华人民共和国传染病防治法. 2004.

［10］国家中长期动物疫病防治规划（2012—2020）.

［11］中华人民共和国动物防疫法. 2008.

三农编辑部新书推荐

书　名	定　价	书　名	定　价
怎样当好猪场场长	26.00	蜜蜂养殖实用技术	25.00
怎样当好猪场饲养员	18.00	水蛭养殖实用技术	15.00
怎样当好猪场兽医	26.00	林蛙养殖实用技术	18.00
提高母猪繁殖率实用技术	21.00	牛蛙养殖实用技术	15.00
獭兔科学养殖技术	22.00	人工养蛇实用技术	18.00
毛兔科学养殖技术	24.00	人工养蝎实用技术	22.00
肉兔科学养殖技术	26.00	黄鳝养殖实用技术	22.00
肉兔标准化养殖技术	20.00	小龙虾养殖实用技术	20.00
羔羊育肥技术	16.00	泥鳅养殖实用技术	19.00
肉羊养殖创业致富指导	29.00	河蟹增效养殖技术	18.00
肉牛饲养管理与疾病防治	26.00	特种昆虫养殖实用技术	29.00
种草养肉牛实用技术问答	26.00	黄粉虫养殖实用技术	20.00
肉牛标准化养殖技术	26.00	蝇蛆养殖实用技术	20.00
奶牛增效养殖十大关键技术	27.00	蚯蚓养殖实用技术	20.00
奶牛饲养管理与疾病防治	24.00	金蝉养殖实用技术	20.00
提高肉鸡养殖效益关键技术	22.00	鸡鸭鹅病中西医防治实用技术	24.00
肉鸽养殖致富指导	22.00	毛皮动物疾病防治实用技术	20.00
肉鸭健康养殖技术问答	18.00	猪场防疫消毒无害化处理技术	22.00
果园林地生态养鹅关键技术	22.00	奶牛疾病攻防要略	36.00
山鸡养殖实用技术	22.00	猪病诊治实用技术	30.00
鹌鹑养殖致富指导	22.00	牛病诊治实用技术	28.00
特禽养殖实用技术	36.00	鸭病诊治实用技术	20.00
毛皮动物养殖实用技术	28.00	鸡病诊治实用技术	25.00
林下养蜂技术	25.00	羊病诊治实用技术	25.00
中蜂养殖实用技术	22.00	兔病诊治实用技术	32.00